EWALD LANGER

EIN GUTES DUTZEND

WILDE PILZE
FINDEN & GENIESSEN

KOSMOS

INHALT

DIE FASZINIERENDE WELT DER PILZE

Pilze sind merkwürdige Lebewesen. Sie leben im Verborgenen und sind trotzdem allgegenwärtig. Ob es der Schimmel im Badezimmer oder der Champignon auf der Pizza ist – sie können für uns schädlich oder auch nützlich sein. Sie spielen nicht nur eine äußerst wichtige Rolle im Ökosystem, sondern auch in unserem täglichen Leben.

Pilze sind Fadenwesen

Um das wahre Wesen der Pilze zu verstehen, muss man in den Waldboden oder morsches Holz eintauchen. Dort wachsen sie mit mikroskopisch kleinen, weit verzweigten, fadenartigen Zellen, den sogenannten Hyphen. Ein Hyphensystem kann gewaltige Ausmaße annehmen. Forscher haben herausgefunden, dass das größte Lebewesen der Welt ein Pilz namens Hallimasch ist. Er nimmt in einem Wald in Oregon (USA) eine Fläche von 1400 Fußballfeldern ein, ist mehrere Tausend Jahre alt und wiegt vermutlich so viel wie vier Blauwale. Nur hie und da streckt der Pilz seine Fruchtkörper aus dem Waldboden und wird für uns sichtbar. So ist es auch mit Steinpilz, Pfifferling und Co.: Das, was wir als Pilz sammeln, ist der sogenannte Fruchtkörper und dient der Fortpflanzung, vergleichbar mit dem Apfel vom Apfelbaum. So wie der Apfel Kerne hat, aus welchen wieder ein neuer Apfelbaum wachsen kann, bildet der Pilzfruchtkörper mikroskopisch kleine Sporen, die zu einem neuen Pilz auswachsen können. Eigentlich sind Pilze große Mikroorganismen.

Pilzhyphen auf dem Waldboden

Das größte Lebewesen der Welt – der Hallimasch

Tintenfischpilz

Saftling

Erdstern

Nicht Pflanze, nicht Tier

Pilze gehören weder zum Tier- noch Pflanzenreich, sondern bilden ein ganz eigenes Organismenreich. Wissenschaftler haben mit neusten genetischen Techniken herausgefunden, dass es weltweit bis zu fünf Millionen Pilzarten geben könnte. Zurzeit sind jedoch nur 120.000 davon in wissenschaftlichen Publikationen beschrieben. Es gibt also noch viel zu entdecken! Pilze sind wesentlich älter als Dinosaurier und besiedelten vor rund 400 Millionen Jahren zusammen mit den Pflanzen die Erde. Im Laufe der Evolution haben sie sich an alle erdenklichen Lebensräume angepasst und vielfältige Lebensformen entwickelt. Pilze wachsen nicht immer nur mit Stiel und Hut wie der Fliegenpilz, sondern haben alle möglichen Farben und Formen ausgebildet. Die knallbunten Farben der Saftlinge leuchten im Herbst in den Wiesen. An morschem Nadelholz wachsen auf dem Waldboden die gelben, korallenförmigen Fruchtkörper des Klebrigen

Ein Riesenexemplar eines Zunderschwamms

Begleiter des Menschen seit der Steinzeit

Pilze dienen den Menschen schon lange zum Feuer machen oder als Heil- und Nahrungsmittel. Die über 5000 Jahre alte Gletschermumie, die 1991 in den Ötztaler Alpen entdeckt wurde und als Ötzi bekannt ist, trug tatsächlich zwei Pilzarten bei sich: Den Zunderschwamm und den Birkenporling. Beide sind Baumpilze, die für den Steinzeitmann überlebenswichtig waren. Mit dem Zunderschwamm konnte er ein Feuer entfachen und mit dem Birkenporling einen heilkräftigen Tee brauen.

Das Wissen, welche Pilze essbar und welche giftig sind, ist uralt und wurde von Generation zu Generation weitergegeben.

Pilze im Alltag

Pilze sind nicht nur in der Natur allgegenwärtig. Auch in unserem täglichen Leben haben wir ständig mit Pilzen oder Produkten aus Pilzen zu tun, ohne es zu merken. Ein schönes lockeres Brötchen am Morgen oder ein süffiges Bier am Abend gäbe es ohne die Hilfe der

Hörnlings. Erdstern und Tintenfischpilz überraschen mit bizarren Formen. Pilze ernähren sich sehr unterschiedlich: Sie leben von totem Holz, Nadel- oder Laubstreu, parasitieren Pflanzen und Tiere oder leben in einer Symbiose mit Pflanzen. Diese Symbiose ist besonders für unsere Waldbäume überlebenswichtig, man nennt sie Mykorrhiza. In der Mykorrhiza sind die Feinwurzeln der Bäume mit dem Mykorrhizapilz verbunden und tauschen mit ihm Stoffe aus. Der Pilz bekommt vom Baum Zucker, und der Baum bekommt vom Pilz Wasser und darin gelöste Nährelemente.

Gärung mit Hefepilzen nicht. Limo oder Zitronensaft aus dem Supermarkt sind oft nicht aus Zitronen gemacht! Die Zitronensäure der meisten Lebensmittel wird heute mit einem Pilz namens *Aspergillus niger* biotechnologisch hergestellt. Die weltweite Produktion nähert sich bereits 2 Millionen Tonnen pro Jahr! Fleckenlöser im Waschmittel wird aus Pilzenzymen hergestellt. Pflanzenschutzmittel für die Landwirtschaft werden zum Teil aus Abwehrstoffen von Pilzen gewonnen und fast alle Antibiotika stammen von Pilzen. Pilze liefern vielfältige Naturprodukte und werden bereits dazu genutzt, um biologisch abbaubare Verpackungen herzustellen. Pilze sind vegane, proteinreiche Nahrungsmittel. Zuchtchampignons, Austern-Seitlinge oder Shiitake sind beliebte Speisepilze, die leicht zu züchten sind, weil sie auf Stroh, Holz oder

Gezüchtete Shiitake-Pilze

anderen pflanzlichen Stoffen wie Kaffeesatz wachsen können. Mit den begehrten Steinpilzen, Pfifferlingen oder gar Trüffeln funktioniert das allerdings nicht. Sie sind Mykorrhizapilze und brauchen immer einen Partnerbaum in ihrer Symbiose. Diese Symbiose kann man bis heute nicht künstlich imitieren. Dies ist auch der Grund, warum Steinpilz und Co. immer in der Natur gesammelt werden müssen.

Pilzkörbchen und -messer – die Grundausrüstung zum Sammeln

Pilze sammeln

Die meisten essbaren Pilze wachsen im Wald. Aber wo genau sollst du nun suchen? Im Unterholz? Im Fichtenforst? Die Antwort ist einfach: Am besten dort, wo du gerne im Wald spazieren gehst. Dort, wo verschiedene Baumarten stehen, junge und alte Bäume, und wo der Wald ein bisschen unaufgeräumt aussieht, diese Orte lieben Pilze. Ein Pilzkörbchen, ein Taschenmesser, festes Schuhwerk und schon kann es losgehen. Bereits ab dem Frühsommer wirst du fündig. Genügend Regen im Frühjahr garantiert dabei einen guten Pilzherbst, der bis in den November anhalten kann. Am besten drehst du Pilze immer mit dem ganzen Stiel aus dem Boden, damit du auch den Fuß begutachten kannst. Der Fuß des Stieles ist manchmal für die richtige Bestimmung ausschlaggebend. Beim Putzen der Stielbasis, an der oft Erde hängt, solltest du auf besondere Merkmale achten. Ist der Stiel unten knollig? Verfärbt er sich beim Anfassen oder ist der Stiel gar hohl? Putzreste kannst du im Wald unter Laub- oder Nadelstreu vergraben, sodass Bodenlebewesen sie weiterverwerten können.

Ein natürlicher Laubwald

Was darf man und was nicht?

Natürlich muss man zum Pilzesuchen auch von den Wegen abgehen. Das darf man aber nicht überall! In Naturschutzgebieten, Reservaten oder Nationalparks kann Wegegebot und Sammelverbot gelten. Die Regelungen können von Land zu Land unterschiedlich sein und du solltest dich vorher informieren. Wegegebote und Sammelverbote dienen dem Schutz der Natur. Durch das Betreten des Waldes abseits der Wege können empfindliche und bedrohte Tierarten gestört werden. Pilzsammler sind oft naturverbundene Menschen, die die Natur respektieren. Beim Sammeln geht man möglichst vorsichtig vor und achtet darauf, keine jungen Bäumchen zu verletzen

in unterschiedlichen Ländern variieren und sogar zeitlich beschränkt sein. Besonders in touristisch hoch frequentierten Urlaubsgebieten können Regelungen erlassen werden, um ein Übersammeln zu verhindern.

Hilfe ist nicht weit

Besonders Anfänger fühlen sich häufig unsicher beim Pilzesammeln, da es auch sehr giftige Pilzarten gibt, die den essbaren zum Verwechseln ähnlich sehen können. Wenn du nach der Lektüre dieses Buches so richtig Lust auf Pilze bekommen hast und dich eingehender informieren und Kontakt zu echten Pilzkennern knüpfen willst, empfehle ich dir die zahlreichen Pilzvereine, die in der Regel auf Landesebene organisiert sind. Sie bieten Pilzkurse für Anfänger und auch für Fortgeschrittene an. In Deutschland ist das die Deutsche Gesellschaft für Mykologie (DGfM e. V.), in Österreich die Österreichische Mykologische Gesellschaft (ÖMG) und in der Schweiz der Verband Schweizerischer Vereine für Pilzkunde (VSVP).

und die natürliche Laub- oder Nadelschicht des Bodens zu schonen. Manche Pilzarten sind vollständig geschützt und dürfen überhaupt nicht gesammelt werden! Andere Pilze wie Steinpilz, Pfifferling, Birkenpilze und Rotkappen und auch Morcheln sind zwar ebenfalls geschützt, dürfen jedoch in geringen Mengen für den Eigenbedarf gesammelt werden. Der Grund: Beim Sammeln entnehmen wir nur den Fruchtkörper. Das Myzel, der eigentliche Pilz, bleibt weitgehend unbeschädigt. Eine geringe Menge reicht für eine Pilzmahlzeit. Somit wäre für eine vierköpfige Familie ein Pilzkörbchen, etwa zwei Kilogramm, angemessen und auch völlig ausreichend. Die zulässigen Mengen können

Naturschutzgebiet mit Wegegebot

AUSTERN
IM WALD

DER AUSTERN-SEITLING

Wie eine Austernbank im Meer kann es manchmal aussehen, wenn die seitlich gestielten Austern-Seitlinge zu dutzenden übereinander wachsen. Sie sind sehr ergiebig und bleiben in Pilzgerichten bissfest. Sogar im Winter wachsen sie bei Temperaturen um den Gefrierpunkt meist an totem Buchenholz. Im Garten kann man sie an geeigneten Stellen auf Buchen-holzblöcken wachsen lassen!

AUSTERN-SEITLING

Pleurotus ostreatus

Austern-Seitlinge stehen zumeist in Gruppen zusammen. Die konso-
lenartigen Fruchtkörper entspringen dann meist einer gemeinsamen
Basis, sodass man gleich eine ganze Handvoll vom Holz ablösen kann.

Lamellen beigefarben,
am Stiel herablaufend

Hutrand
manchmal wellig

immer in Gruppen
zusammen, nie einzeln

Hut im Winter grau

immer auf starkem
stehendem oder
liegendem Laubholz

Hut gewölbt und
seitlich gestielt

SO SIEHT ER AUS!

Nie allein

Die Lamellen des Austern-Seitlings laufen weit herab, fast bis zur Stielbasis. Der Stiel kann deutlich ausgeprägt sein und steht immer seitlich unter dem Hut, manchmal ist er aber auch sehr kurz. Er tritt gesellig, manchmal sogar massenhaft auf. Die Hüte werden bis handgroß und sind im Winter grau, dunkelgrau oder sogar stahlgrau.

Die Sommerform ist hell.

Der Hutrand ist gewellt.

Im Sommer wächst der Austern-Seitling mit hellen, beigen bis hellgrauen Farben. Das Fruchtkörperfleisch ist elastisch und fest. Die Lamellen auf der Hutunterseite sind heller gefärbt als die Hutoberseite und stehen nicht sehr dicht. Meist hängen mehrere Fruchtkörper an der Stielbasis zusammen. Wird der Pilz älter, so wird der Hutrand wellig und unregelmäßig. Solange die Exemplare noch fest und biegsam sind, ist das aber kein Nachteil.

Fleischfresser

Der Austern-Seitling trägt spezielle Vorrichtungen an seinen Pilzfäden. Mit ihnen kann er im Holz mikroskopisch kleine Fadenwürmer einfangen, die er dann verdaut. Somit gibt es also nicht nur fleischfressende Pflanzen, sondern auch fleischfressende Pilze.

Die Lamellen laufen am Stiel herab.

SO FINDEST DU IHN!

Wann?
Du kannst den Austern-Seitling das ganze Jahr über finden. Besonders häufig kommt er in den warmen Sommermonaten mit Gewitterregen, im Herbst und im Winter vor.

Wo?
In Buchenwäldern mit viel Totholz kannst du fündig werden. Dort kommt der Austern-Seitling auf dicken und alten umgestürzten Buchenstämmen oder sehr alten stehenden Buchen vor. Oft ist am selben Stamm der Zunderschwamm zu finden.

Auch bei Eis und Schnee kann man ihn finden.

Du suchst am besten gezielt in Wäldern, die nicht aufgeräumt, sondern wild aussehen. Am Waldboden müssen viele Äste liegen. Eine natürliche Waldzusammensetzung findest du am ehesten in schwierigem Gelände, das für Forstmaschinen schwer zugänglich ist.

Wie?
Zum Sammeln schneidest du ganze Büschel des Austern-Seitlings einfach mit dem Messer vom Holz.

Beste Freunde
Alte oder umgestürzte Buchen, deren Holz nicht mehr so hart und schon etwas morsch ist.

Der Austern-Seitling braucht dickes Totholz und kann massenhaft auftreten.

VORSICHT VERWECHSLUNG!

Gelbstieliger Muschelseitling
– Hut grünlich dunkelgrau,
  bis handtellergroß
– Lamellen beige bis gelb, hören
  abrupt am Stiel auf
– Sehr kurzer, gelb-filziger Stiel
– auf Laubholz

AUSTERN-SEITLINGE IM GARTEN

Mit den Putzabfällen vom Austern-Seitling kannst du im Garten einen Stapel mit altem Buchenholz beimpfen. Einfach ein paar Buchenscheite oder armstarke Buchenäste an einem schattigen Ort aufschichten und zwischen das Holz Austern-Seitlinge legen. Mit etwas Glück kommen schon im nächsten Jahr Fruchtkörper aus dem Holz.

TIPP *Du kannst verschiedene Seitlings-Arten leicht zu Hause wachsen lassen, auch wenn du keinen Garten hast. Es gibt viele Bezugsquellen und Anleitungen, die man ganz leicht über eine Internetsuche mit dem Begriff »Zuchtpilze« findet.*

Kräuter-Seitlinge

Limonen-Seitlinge

SO VERWENDEST DU IHN!

Die geputzten Hüte kannst du in der Pfanne braten oder
als Schnitzel panieren. Klein gehackt lassen sie sich sogar als
Knödel verarbeiten. Zum Einmachen oder Trocknen musst
du die Hüte in etwa fingerdicke Scheiben schneiden.

Austern-Seitlinge mit Knoblauch und Petersilie

600 g Austern-Seitlinge von den
harten Strünken befreien, die Hüte
putzen, längs in 1 cm breite Streifen
schneiden. 1 dünne Stange Lauch
putzen, längs halbieren, gründlich
waschen und in feine Streifen
schneiden. 1 Bund Petersilie waschen, trocken schütteln, Blättchen
abzupfen und fein hacken. 3 Knoblauchzehen schälen und ebenfalls
fein hacken.

In einer Pfanne 4 EL Olivenöl erhitzen. Knoblauchwürfel bei mittlerer Hitze goldgelb braten, dann die
Pilzstreifen zugeben und so lange braten, bis sie ihren
Saft abgegeben haben und leicht bräunen. Lauch-
stücke untermischen und ein paar Minuten dünsten,
aber nicht bräunen lassen. Die Hälfte der
gehackten Petersilie untermischen,
alles mit Salz und Pfeffer abschmecken. Auf Teller verteilen und mit der restlichen gehackten Petersilie
bestreuen.

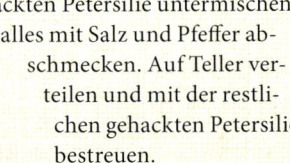

ARTISCHOCKEN
MIT AUSTERN-SEITLINGEN

So geht's

1. Die Artischocken waschen, die Stiele und die äußersten Blätter abbrechen. Die übrigen Blätter mit einer Schere etwas kürzen und die Artischocken quer durchschneiden. Mit dem Kugelausstecher das Heu (die festen Blütenfasern) entfernen.

2. Die Zitrone heiß waschen, abtrocknen und halbieren. Mit einer Zitronenhälfte die Schnittflächen der Artischocken abreiben, Zitronenhälften auspressen. Etwa 1 l Wasser mit 2 EL Zitronensaft und 1 TL Salz aufkochen, die Artischocken darin 45 Minuten zugedeckt bei mittlerer Hitze garen.

3. Inzwischen die Austern-Seitlinge von den harten Strünken befreien, Hüte putzen, klein würfeln. In einer Pfanne die Butter erhitzen und die Pilzwürfel bei starker Hitze kurz anbraten, dabei öfter wenden. Den Wein dazugießen und alles offen etwa 15 Minuten bei schwacher Hitze köcheln lassen, bis der Wein fast vollständig verdampft ist.

4. Für die Zitronenmayonnaise die Eigelbe in eine Schüssel geben, etwas Zitronenschale fein abreiben und dazugeben, mit Senf und 2 EL Zitronensaft verrühren. Mit dem Schneebesen kräftig verschlagen und dabei nach und nach das Olivenöl zufließen lassen. Die Mayonnaise mit Salz und Pfeffer abschmecken.

5. Die Artischocken in ein Sieb abgießen, mit den ausgehöhlten Seiten nach unten abtropfen lassen. Auf vier Teller verteilen, etwas Mayonnaise in die Aushöhlungen füllen und die Pilze darauf verteilen. Die restliche Mayonnaise als Dip getrennt servieren. Die Artischockenblätter mit den Fingern abziehen, in die Mayonnaise tauchen und den fleischigen Teil mit den Zähnen abstreifen.

Zutaten für 4 Portionen

4 große Artischocken
1 Bio-Zitrone
Salz, Pfeffer
200 g Austern-Seitlinge oder Wiesen-Champignons
1 EL Butter
100 ml Weißwein
2 frische Eigelb
1 TL mittelscharfer Senf
125 ml natives Olivenöl extra
Kugelausstecher

Zeitbedarf 1 Stunde

AUF RAUEM FUSS

DER BIRKENPILZ

Er trägt seine Freundin schon im Namen: die Birke.
Mit ihrer weißen Rinde ist sie leicht zu erkennen
und führt dich zielsicher zum Sammelerfolg.
Aber was ist los, wenn wir den Birkenpilz bei anderen
Baumarten finden? Die Antwort verblüfft: Es gibt
bei uns mindestens 10 verschiedene Arten,
die sich alle sehr ähnlich sehen und essbar sind.

BIRKENPILZ

Leccinum scabrum

Der Birkenpilz gehört zu den Röhrenpilzen, er trägt anders als
der Austern-Seitling keine Lamellen unter dem Hut, sondern
cremeweiße Röhren mit rosa Farbton. Der Hut kann von
hell ockerfarben bis dunkel rötlichbraun variieren.

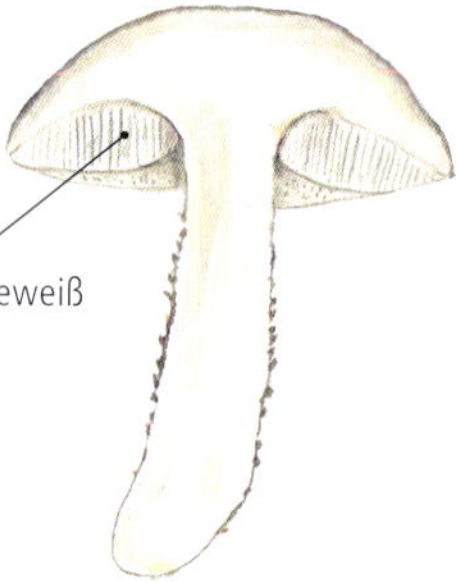

Röhren cremeweiß
mit rosa Ton

brauner Hut

Hut manchmal
hell gesprenkelt

junger Hut
halbkugelig

Stiel mit schwarzen
Körnchen

SO SIEHT ER AUS!

Junge Birkenpilze haben einen halbkugeligen Hut.

Immer mit rauem Stiel

Ein ganz charakteristisches Erkennungsmerkmal des Birkenpilzes ist sein Stiel. Alle Arten haben kleine schwarze Körnchen auf dem Stiel, keinesfalls aber netzartige Strukturen. Der Stiel fühlt sich auch richtig rau an. Der Hut kann die verschiedensten Brauntöne haben oder im Fall der verwandten Rotkappen sogar orangerot sein.

Rosa Farbtöne

Die Röhren der Raustiel-Röhrlinge, wie die Birkenpilze auch heißen, sind immer cremeweiß bis schmutzig grau. Bei reifen Exemplaren haben sie manchmal einen rosa Farbstich, bei jüngeren fehlt der rosa Beiton meist noch. Das Fruchtkörperfleisch des Birkenpilzes verändert sich bei Anschnitt und Berührung ganz langsam zu rosa Farbtönen. Bei anderen verwandten Arten kann eine stärkere Färbung bis hin zu schwarzviolett auftreten.

Die angeschnittenen Röhren sind leicht rosa gefärbt.

Die Röhren sind um den Stiel herum kürzer, sodass der Stiel freiliegt.

Schwarze Körnchen am Stiel.

SO FINDEST DU IHN!

Eine Wiese mit Birken ist ein idealer Sammelort.

Wann?

Die besten Monate für den Birkenpilz sind September und Oktober. Er kann jedoch auch schon im Spätsommer erscheinen, und solange keine starken Fröste kommen, bis November durchhalten.

Wo?

Der Birkenpilz bevorzugt lichte Stellen im Wald. Nicht selten findet man ihn auf sonnenbeschienenen Wiesen, in Parkanlagen und Friedhöfen, aber immer in Verbindung mit Birken. Die nahe verwandten und sehr ähnlich aussehenden Arten der Raustiel-Röhrlinge kommen z. B. an Hainbuchen, Pappeln, Eichen oder Kiefern vor.

Wie?

Auch wenn du nicht gezielt auf Pilzsuche gehst, begegnest du dem Birkenpilz nicht selten unbeabsichtigt auf Spaziergängen, denn Birken finden sich vielerorts. Dann ist es gut, wenn du eine Stofftasche dabeihast. Hast du kein Messer zum Putzen dabei, kannst du die Stielbasis auch einfach abbrechen.

Die nächsten Birken stehen nur wenige Meter entfernt.

Beste Freunde
Birke

VORSICHT VERWECHSLUNG!

Gallen-Röhrling ✗

– Brauner Hut
– Cremefarbene Röhren mit deutlichem rosa Farbstich
– Stiel mit dunkler, netzartiger Struktur
– Schmeckt gallebitter

Verschiedenfarbiger Raufuß 🍴

– Hut oftmals braun und cremefarben gescheckt
– Nur in moorigen Bereichen mit Birken

Rotkappe 🍴

– Hut leuchtend orangefarben
– Bei Birken: Birken-Rotkappe
– Bei Pappeln: Espen-Rotkappe

TIPP *Die Raustiel-Röhrlinge sind oftmals auch für Fachleute nicht so einfach zu unterscheiden. Die verschiedenen Arten sind oft von bestimmten Baumarten und Bodenverhältnissen abhängig. Das muss dich aber nicht kümmern, denn du kannst sie alle essen.*

SO VERWENDEST DU IHN!

Der Birkenpilz kann eingekocht, eingefroren oder getrocknet werden. In Mischpilzgerichten sorgen Verwandte des Birkenpilzes für interessante dunkle Farbakzente.

Keine Angst vor schwarz!

Während Birkenpilze kaum dunkler werden, verfärben sich nahe Verwandte wie die Rotkappen in der Pfanne oder beim Trocknen grau oder tiefschwarz. Damit ist keine Minderung der Qualität oder des Geschmackes verbunden. Diese Schwärzung, die durch eine chemische Reaktion mit Luft erfolgt, kann in helle Soßen sogar einen schönen Kontrast zaubern.

Eingelegte Pilze in Weißweinessig

Für 3 Gläser (à 350 ml) 500 g möglichst kleine Waldpilze (z. B. Birkenpilz, Maronen- und Rotfuß-Röhrlinge oder Wiesen-Champignons) säubern, putzen und in etwa 2 cm große Stücke schneiden.

In einem großen Topf etwa 1 l Wasser mit 350 ml mildem Weißweinessig (5 % Säure), 3–4 TL Salz und 1 TL schwarzen Pfefferkörnern aufkochen. Die Pilze hineingeben und 10 Minuten bei mittlerer Hitze kochen, dabei ab und zu vorsichtig umrühren.

Die Pilze mit dem Schaumlöffel herausheben und auf sorgfältig heiß gewaschene Gläser verteilen. Den verbliebenen Essigsud bei starker Hitze auf etwa 350 ml einkochen, noch mal 350 ml Essig zugeben und noch einmal kräftig aufkochen lassen. Den kochend heißen Sud über die Pilze gießen und die Gläser fest verschließen. Abkühlen lassen. Haltbarkeit ungeöffnet mindestens 3 Monate. Nach dem Öffnen im Kühlschrank lagern und rasch verbrauchen.

WALDPILZ-EINTOPF AUF BÖHMISCHE ART

So geht's

1. Die Pilze mit Pinsel und Küchenpapier säubern, putzen und in 1 cm große Stücke schneiden. Kartoffeln, Möhren und Knollensellerie waschen, schälen und klein würfeln. Den Lauch waschen, putzen und in Ringe schneiden. Ein großes Lauchblatt beiseitelegen. Die Lorbeerblätter, Wacholderbeeren und Pfefferkörner darin einwickeln und mit Küchengarn zu einem Päckchen verschnüren.

2. In einem großen Topf das Butterschmalz zerlassen. Bei mittlerer Hitze die Gemüsewürfel hellgelb andünsten, die Pilzstücke dazugeben und kurz anschmoren. Das Lauch-Gewürze-Päckchen und die Gemüsebrühe zufügen. Aufkochen und 20 Minuten bei schwacher Hitze kochen lassen.

3. Inzwischen die saure Sahne mit dem Senf verrühren. Dill waschen, trocken schütteln, harte Teile entfernen und fein schneiden.

4. Das Lauch-Gewürze-Päckchen aus dem Topf heben und wegwerfen. Die Senfsahne mit dem Schneebesen in den Eintopf rühren, geschnittenen Dill dazugeben, mit Essig und Salz abschmecken. Kurz ziehen lassen, aber nicht mehr kochen.

Zutaten für 4 Portionen

350 g gemischte Waldpilze (Birkenpilze, Steinpilze, Maronen-Röhrlinge, Butterpilze, Espen-Rotkappen, kleine Flaschen-Stäublinge)

500 g vorwiegend festkochende Kartoffeln

2 Möhren

1 Stück Knollensellerie (etwa 125 g)

1 kleine Stange Lauch

2 Lorbeerblätter

2 TL Wacholderbeeren

1 TL schwarze Pfefferkörner

2 EL Butterschmalz

1 l Gemüsebrühe

300 g saure Sahne

1 EL mittelscharfer Senf

1 Bund Dill

2 EL Weißweinessig

Salz

Zeitbedarf: 35 Minuten

EDEL UND GUT

DER EDEL-REIZKER

Sandige Kiefernwälder sind das Revier des Edel-Reizkers. Kiefern, seine Farben und seine orangefarbene Milch machen ihn unverkennbar. Es gibt aber auch noch eine Reihe anderer Reizker-Arten, die ebenfalls orangefarbene Milch haben. Sie sind jedoch alle ebenfalls essbar, wenn sie auch geschmacklich nicht an den Edel-Reizker heranreichen.

EDEL-REIZKER

Lactarius deliciosus

Wie die Birkenpilze so sind auch die essbaren Reizkerarten an verschiedenen Baumarten und Bodenbedingungen gebunden. Selbst bei Kiefern gibt es drei unterschiedliche Reizkerarten, die jedoch alle eßbar sind.

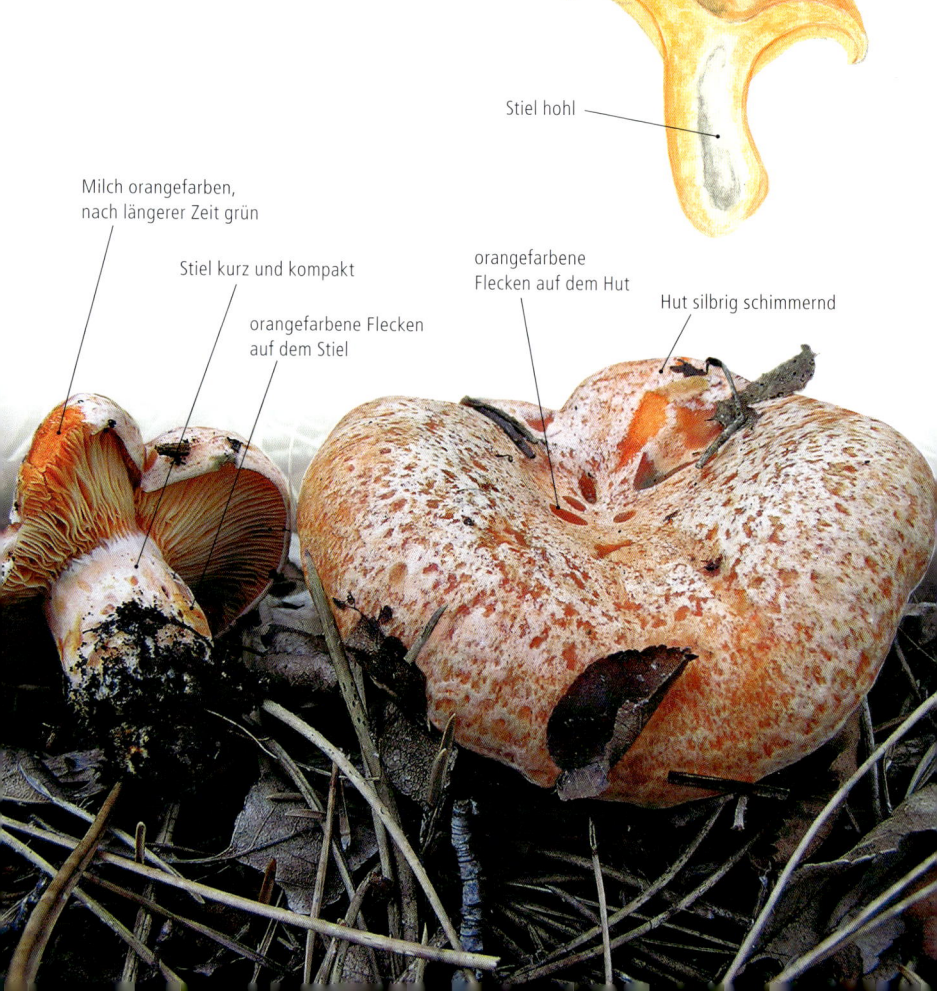

Stiel hohl

Milch orangefarben, nach längerer Zeit grün

Stiel kurz und kompakt

orangefarbene Flecken auf dem Stiel

orangefarbene Flecken auf dem Hut

Hut silbrig schimmernd

SO SIEHT ER AUS!

Die Flecken sind wichtig!

Junge Edel-Reizker sind knackig orangefarben und sehen appetitlich aus. Die orangefarbenen Flecken auf dem weiß schimmernden Hut sind oft in konzentrischen Kreisen angeordnet. Bei jungen Edel-Reizkern können sie auch weniger deutlich ausgeprägt sein.

Typische Edel-Reizker mit orangefleckigem Stiel

Ältere Exemplare bekommen eine grünspanartige Verfärbung, besonders an Fraßstellen, die von Schnecken verursacht werden. Solange die Fruchtkörper noch fest sind, tut dies der Qualität keinen Abbruch. Der Stiel ist immer kurz und relativ dick und auch bei jungen Exemplaren meist schon hohl. Wird der Fruchtkörper verletzt, tritt orangefarbene Milch aus, die nach einiger Zeit grün wird.

Die Milch ist der Schlüssel

Alle Reizker-Arten mit orangefarbener Milch sind essbar. Es gibt dennoch eine große Zahl von Milchlingen – zu deren

Gattung auch der Edel-Reizker gehört – die ungenießbar oder sogar giftig sind. Diese haben zwar eine ähnliche Fruchtkörperform, doch ihre Farbe ist deutlich anders, die Milch ist nicht orangefarben und bei einigen Arten schmeckt sie bei einer vorsichtigen Probe scharf.

Orangefarbene Milch verrät den Edel-Reizker.

Verräterische Farben

Nach einer Mahlzeit mit Edel-Reizker verrät dich der Toilettengang, denn der Urin färbt sich orange, ähnlich wie nach dem Verzehr von Roter Beete. Doch keine Sorge, das ist überhaupt nicht gesundheitsschädlich. Der Farbstoff wird einfach über die Nieren wieder ausgeschieden.

Alt und mit Grünspan

SO FINDEST DU IHN!

Wann?
Der Edel-Reizker wächst hauptsächlich im September und Oktober. Vorher und nachher kommt er nur ausnahmsweise vor.

Lichter Kiefernwald auf Sandboden

Wo?

Der Edel-Reizker ist mit verschiedenen Kiefern-Arten vergesellschaftet. Er wächst nur in mageren Kiefernwäldern, die nicht von Düngereintrag aus der Landwirtschaft beeinflusst werden. Du erkennst sie leicht, wenn dort Heidekraut wächst. Da der Edel-Reizker es eher trocken als feucht-nass mag, sind Sandböden am besten für ihn geeignet.

Wie?
Die Edel-Reizker stehen oft in kleinen Gruppen zusammen und sind durch ihre auffällige Färbung schon aus der Ferne zu sehen. Manchmal sind sie im Unterwuchs des Waldbodens verborgen. Schau also genau hin!

Beste Freunde
Waldkiefer, Heidelbeere, Preiselbeere, Krause Glucke

VORSICHT VERWECHSLUNG!

Fichten-Reizker 🍴

– Stiel schlank und länger als
  beim Edel-Reizker
– Stiel glatt und nicht orangefleckig
– Hut orangefleckig, alt grünspanfarben
– Milch orangefarben und nach
  wenigen Minuten blutrot
– Immer unter Fichten, niemals
  unter Kiefern

Süßlicher Buchen-Milchling 🍴

– Hutoberseite hellbraun
– Lamellen und Stiel beigefarben
– Milch weiß
– Immer nur unter Buchen

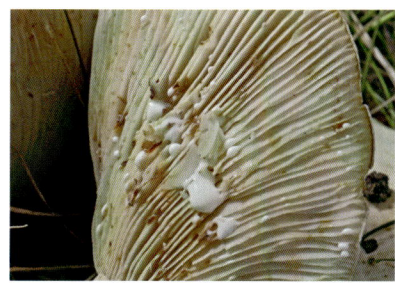

Zottiger Birkenmilchling ☠

– Hutfarbe blassorange bis rosa
– Hut zottig und am Rand mit Fransen,
  am Rand immer eingerollt
– Milch niemals orangefarben
  sondern weiß
– Immer bei Birken

Giftige Milchlinge ☠

– Ganzer Fruchtkörper mit
  anderen Farben als orange
– Milch nicht orange, sondern
  weiß oder andere Farben, schmeckt
  roh sehr scharf oder stark harzig

SO VERWENDEST DU IHN!

Reizker bereitest du am besten frisch zu und nimmst dazu am besten nur den Hut. Eingekocht oder eingelegt in Öl können sie haltbar gemacht werden. Sie entfalten dann einen sehr starken Geschmack.

Ofentopf mit Waldpilzen

Für 4 Personen 400 g festkochende Kartoffeln in gesalzenem Wasser in 20 Minuten knapp gar kochen. 250 g Schweinefilet in walnussgroße Stücke schneiden. 150 g gemischte Waldpilze säubern, putzen und in Scheiben schneiden.

500 g Tomaten mit kochendem Wasser kurz überbrühen, häuten, Stielansätze entfernen und Tomatenfleisch grob würfeln. 2 grüne Paprikaschoten in Streifen schneiden, Stielansätze, Kerne und Trennhäute entfernen. 2 Zwiebeln und 2 Knoblauchzehen schälen, nicht zu fein hacken. Die Kartoffeln abgießen, pellen und in walnussgroße Stücke schneiden. Den Backofen auf 180 °C (Umluft 160 °C) vorheizen. Im Schmortopf 2 EL Olivenöl erhitzen. Das Fleisch bei mittlerer Hitze rundum hellbraun anbraten. Die Zwiebelwürfel dazugeben und bräunen. Pilzscheiben, Paprikastreifen und Knoblauchwürfel unterrühren und alles noch etwa 5 Minuten schmoren. Tomaten- und Kartoffelstücke untermischen. Mit mildem und scharfem Paprikapulver, Salz und Pfeffer kräftig würzen. 4 Zweige Thymian und

½ Bund Petersilie waschen und trocken schütteln, unzerteilt mit 2 Lorbeerblättern obenauf legen. 350 ml Gemüsebrühe dazugießen und aufkochen. Den Eintopf zugedeckt im Ofen (Mitte) 50 Minuten garen.

250 g geschälte Garnelen kalt abbrausen, trocken tupfen und zu dem Eintopf geben. Den Topf zugedeckt zurück in den Ofen stellen und weitere 10 Minuten garen. 1 Bund Koriandergrün waschen, trocken schütteln, Blätter abzupfen und fein hacken. Den Topf erst bei Tisch abdecken, Kräuterstängel entfernen und das Gericht mit dem gehackten Koriandergrün bestreuen.

PIKANTE PUTENRÖLLCHEN MIT REIZKERN

So geht's

1. Jedes Schnitzel einmal längs und einmal quer halbieren. Die Fleischteile leicht klopfen. Sambal Oelek mit 2 EL Tomatenmark, Fünf-Gewürze-Pulver und 1 EL Olivenöl verrühren, mit Salz abschmecken. Mischung auf die Schnitzelstreifen streichen.

2. Zwiebeln und Knoblauch schälen, grob hacken. Paprikaschote waschen und vierteln, Stiele und Trennhäute mit den Kernen entfernen, in Stücke schneiden. Kartoffeln und Möhren schälen, grob würfeln. Tomaten waschen, vierteln und vom Stielansatz befreien.

3. Die Pilze mit Pinsel und Küchenpapier säubern, putzen und längs vierteln. Jeweils 1 oder 2 Pilz-viertel auf ein Schnitzelstück legen, die Schnitzel fest aufrollen und mit Rouladennadeln oder Zahnstochern fixieren. Die Röllchen in dem Mehl wenden, überschüssiges Mehl leicht abschütteln.

4. In der Schmorpfanne das restliche Olivenöl erhitzen. Die Röllchen bei mittlerer Hitze in etwa 10 Minuten rundum leicht anbräunen. Gehackte Zwiebeln und Knoblauch mit den übrigen Pilzen zu den Röllchen geben und weiterbraten. Die Paprikastücke dazugeben.

5. Kartoffel- und Möhrenwürfel sowie Tomaten-viertel zu den Röllchen geben, ein paar Minuten weiterschmoren. Das restliche Tomatenmark mit der Gemüsebrühe verrühren und zu den Röllchen gießen. Mit Salz und Pfeffer abschmecken. Zugedeckt bei schwacher Hitze 1 Stunde schmoren lassen.

6. Die Petersilie waschen, trocken schütteln, Blättchen abzupfen und hacken. Das Gericht mit Pilz-Gewürzsalz abschmecken und mit Petersilie bestreut servieren.

Zutaten für 4 Portionen

4 Putenschnitzel (à 125 g)

1 EL Sambal Oelek (Chilipaste)

90 g Tomatenmark

½ TL Fünf-Gewürze-Pulver

4 EL Olivenöl

Salz, Pfeffer

4 Zwiebeln

3 Knoblauchzehen

1 rote Paprikaschote

300 g kleine Kartoffeln

2 große Möhren

2 Fleischtomaten

250 g Edel-Reizker oder Pfifferlinge

2 EL Mehl

300 ml Gemüsebrühe

Pfeffer aus der Mühle

1 Bund Petersilie

Pilz-Gewürzsalz (siehe Seite 74)

Zeitbedarf: 30 Minuten + 1 Stunde garen

EIN OHR AM HOLUNDER

DAS JUDASOHR

In China wird das Judasohr als Mu-Err bezeichnet, das Holzohr. Es findet sich in vielen chinesischen Gerichten. Tatsächlich sieht der Pilz einem Ohr ähnlich und kann gezielt gesucht werden. Das Judasohr gilt in der traditionellen chinesischen Medizin sogar als Heilpilz und wird deshalb im großen Maßstab gezüchtet.

JUDASOHR

Auricularia auricula-judae

Junge Judasohren fangen als kleine, runde Scheibchen an zu wachsen und werden bald schalenartig. Die halbrunden Schalen hängen immer nach unten und werden zu braunen, ohrenartigen Gebilden. Sie stehen immer zu mehreren zusammen.

junge Fruchtkörper schalenartig

Unterseite glatt und etwas faltig

Rand etwas eingebogen

Oberseite samtig

SO SIEHT ES AUS!

Junge Judasohren an einem umgestürzten Holunder.

Wie braune Gummiohren

Judasohren sind jung so klein wie eine Geldmünze, können aber so groß wie eine Hand werden. Im jungen Stadium sind sie glatt und schalenartig. Werden sie alt, so werden sie unten faltig und auf der Oberseite aderig.

Wenn sie frisch sind und das Wetter nicht zu trocken, sind Judasohren immer gummiartig weich und haben eine knorpelartige Konsistenz. Sie haben weder einen typischen Geruch noch Geschmack. Die Oberseite ist immer samtig und die Unterseite glatt. Nach längerer Trockenheit können sie dunkelbraun einschrumpeln und werden dann hart. Regnet es wieder, so saugen sie sich voll und können weiterwachsen.

Holunder

Das Judasohr wächst zumeist am Schwarzen Holunder, den du leicht an seiner strauchförmigen Wuchsform, der grobrissigen Rinde und mit gelbgrünen Flechten besetzten Ästen erkennst. Besonders bei alten Holundern, die schon viel abgestorbenes Holz haben, wirst du fündig. Der Holunder hilft dir, das Judasohr zu erkennen, denn hältst du dich beim Sammeln an ihn, kann bei der Bestimmung nichts schiefgehen. Bei uns gibt es aber auch keine giftigen Doppelgänger des Judasohrs. Die ähnlichen Arten sind wesentlich kleiner und in Form und Konsistenz anders beschaffen.

Alte Judasohren solltest du nicht mehr sammeln.

SO FINDEST DU ES!

Wann?

Besonders im Spätherbst und bis weit in den Winter hinein findest du das Judasohr, es erscheint sogar bei Frost. Aber du kannst es auch das ganze Jahr über finden. In trockenen Sommermonaten findest du jedoch meist nur die alten und eingetrockneten Pilze vom Vorjahr.

Ein Schwarzer Holunder mit weißen Blütendolden.

Eine große Gruppe Judasohren reicht für eine ganze Familienmahlzeit.

Wo?

Das Judasohr wächst regelmäßig entlang von Gewässern am Schwarzen Holunder. Am besten geeignet sind feuchte Flussauen und Waldtäler mit Bächen.

Wie?

Hast du eine Gruppe von Judasohren gefunden, prüfe ihre Konsistenz: sind sie gummiartig weich oder glibbrig und schmierig? Letztere solltest du nicht sammeln, und wie bei allen Pilzen gilt: Junge Exemplare sind besser als große, alte.

Beste Freunde

Schwarzer Holunder

VORSICHT VERWECHSLUNG!

Gezonter Ohrlappenpilz ✗
– Flächiges Wachstum
– Faltige Unterseite
– Filzige bis zottige Oberfläche
– Auf Laubholz

Kreisel-Drüsling ✗
– Gallertartige Konsistenz
– Fruchtkörper klein
– Teilweise flächig wachsend

Riesenbecherling ✗
– Form schalenartig
– Schalen immer nach oben geöffnet
– Niemals hängend
– Meist auf Laubholz oder Erde

Brauner Zitterling ✗
– Fruchtkörper gallertig
– Hellbraun bis rotbraun
– Faltige oder gehirnartige Oberfläche
– Nie schalenförmig

SO VERWENDEST DU ES!

Frisch kann der Pilz als Ganzes zubereitet oder in feine Streifen geschnitten werden. Durch die dunkle Farbe erhältst du schöne Kontraste in hellen Speisen. Zur Konservierung kannst du die Judasohren trocknen. Vor der Zubereitung müssen die eingeschrumpelten Pilze in Wasser eingeweicht werden.

Wok-Gemüse
mit Pilzen und Glasnudeln

2 EL getrocknete Judasohren oder Mu-Err-Pilze in einer Schüssel mit kochendem Wasser übergießen und ca. 30 Minuten einweichen. Danach in einem Sieb abbrausen, abtropfen lassen und in Stücke zupfen. 100 g Glasnudeln ca. 10 Minuten in kochend heißem Wasser einweichen. In ein Sieb abgießen, abtropfen lassen und mit einer Küchenschere in ca. 5 cm lange Stücke schneiden.

800 g gemischtes Gemüse je nach Sorte in kleinere Stücke teilen oder ganz lassen und eventuell blanchieren. 3 Schalotten schälen und quer in feine Scheiben schneiden. 1 Knoblauchzehe und 1 Stück Ingwer (ca. 2 cm) schälen und klein würfeln. Den Tofu in kurze Streifen schneiden und trocken tupfen. 50 ml Hühnerbrühe, 3 EL helle Soja- sauce, 2 EL Austernsauce, 2 TL geröste- tes Sesamöl und 1 TL Zucker verrühren. Einen Wok aufheizen, dann 2 EL Erd- nussöl darin erhitzen. Den Tofu darin bei mittlerer Hitze in 3 – 4 Minuten rundherum goldbraun braten. Heraus- heben und beiseitestellen.

Schalotten, Knoblauch und Ingwer im Bratöl bei starker Hitze kurz anbraten. Pilze und feste Gemüsesorten wie Möhren, Paprika, Blumenkohl und Maiskolben dazugeben und ca. 4 Minu- ten pfannenrühren, damit alles gleich- mäßig gar wird. Glasnudeln und zarte Gemüsesorten wie Zuckerschoten oder Sprossen zu- fügen, noch 1 Minute mitgaren, dabei ständig rühren. Tofu zum Gemüse geben. Die angerührte Würzmischung untermischen. Aufkochen und weiter- rühren, bis das Gemüse gar, aber noch knackig ist. Eventuell mit Salz und Pfef- fer abschmecken.

LACHSSTEAK
MIT SELLERIE UND KNUSPERNUDELN

So geht's

1. Die Lachskoteletts kalt abbrausen, trocken tupfen und nebeneinander in eine flache Form legen. Für die Marinade 2 EL Sojasauce mit 2 EL Reiswein, Sesamöl, Fünf-Gewürze-Pulver und Stärke glattrühren. Die Koteletts darin wenden, bis sie vollständig mit Marinade bedeckt sind. Zugedeckt im Kühlschrank mindestens 30 Minuten marinieren. Die Pilze in einer Schüssel mit reichlich warmem Wasser übergießen und mindestens 30 Minuten quellen lassen.

2. Inzwischen die Selleriestangen schräg in ca. 3 cm lange Stücke schneiden. Den Ingwer schälen und klein würfeln. Die Chilischote nach Belieben entkernen und klein würfeln.

3. Die eingeweichten Pilze in ein Sieb abgießen, waschen, trocken tupfen und putzen. Pilze in kleinere Stücke zupfen.

4. Reisnudeln auseinanderzupfen, in ca. 3 cm lange Stücke brechen und knusprig frittieren. Knuspernudeln mit einem Schaumlöffel-Sieb aus dem Frittieröl herausheben und auf Küchenpapier abtropfen lassen. Leicht salzen.

5. Lachssteaks aus der Marinade nehmen und trocken tupfen. 2 EL Öl in einer großen Pfanne erhitzen, die Steaks darin bei starker Hitze von jeder Seite 2–3 Minuten braten. Herausnehmen und warmhalten.

6. Sellerie im restlichen Öl unter Rühren ca. 4 Minuten braten. Pilze, Ingwer und Chili zufügen, 1 Minute mitbraten. Restliche Sojasauce und übrigen Reiswein zum Gemüse geben. Einmal aufkochen lassen. Bei Bedarf mit Salz abschmecken. Lachssteaks auf dem Gemüse anrichten und mit den Knuspernudeln bestreut servieren.

Zutaten für 4 Portionen

*4 Lachskoteletts
(à ca. 200 g)*

6 EL helle Sojasauce

4 EL Reiswein

1 TL geröstetes Sesamöl

½ TL Fünf-Gewürze-Pulver

2 TL Speisestärke

20 g getrocknete Judasohren oder Mu-Err-Pilze

500 g Staudensellerie

1 Stück Ingwer (ca. 2 cm)

1 rote Chilischote

50 g Reis-Fadennudeln

200 ml Öl zum Frittieren

Salz

4 EL Öl

*Zeitbedarf:
ca. 35 Minuten,
30 Minuten marinieren*

LECKERER BADESCHWAMM

DIE KRAUSE GLUCKE

Sie ähnelt in ihrem Aussehen wirklich einem Badeschwamm und ist zudem zielsicher bei Kiefern zu finden. Es gibt praktisch keine giftigen Verwechslungsmöglichkeiten, sodass man mit der Krausen Glucke auf der sicheren Seite ist. Kulinarisch verspricht sie einen besonders würzigen Geschmack mit ganz eigenem dominanten Aroma.

KRAUSE GLUCKE

Sparassis crispa

Junge Exemplare der Krausen Glucke sind faustgroß
und hellockergelb. Im reifen Stadium kann die Krause Glucke
so groß wie ein Basketball werden. Ihre Farbe wird dann
satt beige. Der ganze Fruchtkörper besteht aus kraus
gewellten, fächerartigen Verzweigungen.

oft Verunreinigungen
mit Sand oder Nadeln

gewellte,
fächerartige
Struktur

Umriss bade-
schwammartig

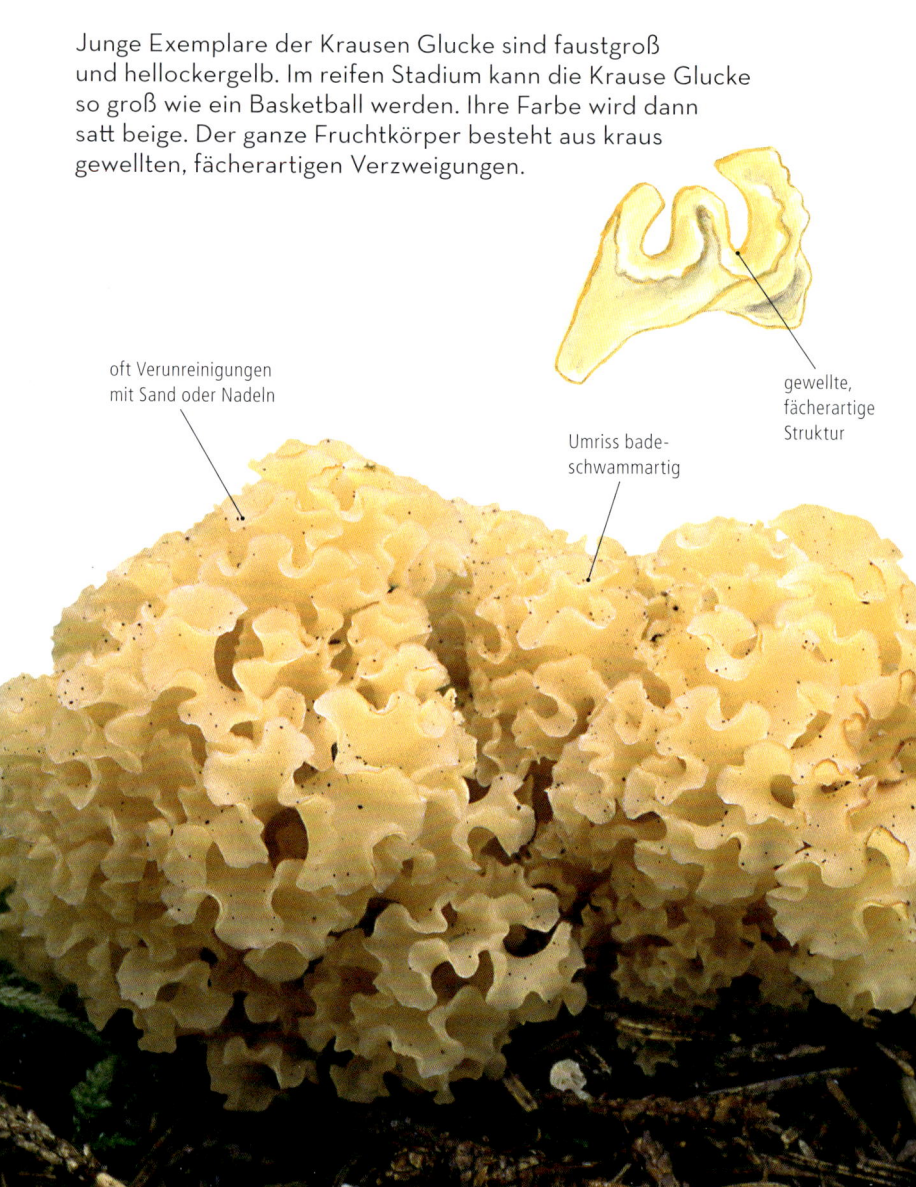

SO SIEHT SIE AUS!

Badeschwamm, Gehirn, Blumenkohl?

Die Vergleiche für die Krause Glucke sind vielfältig. Sie ist das beste Beispiel dafür, dass Pilze nicht immer in Stiel und Hut gegliedert sein müssen. Die Krause Glucke besteht aus wellig gekräuselten, fächerartigen Strukturen. Die Fächer sind am Rand ein wenig eingekrempelt. Der Fruchtkörper ist trotz seiner porösen Struktur grifffest und riecht würzig. Nach längerer Trockenheit trocknet die Oberfläche der Krausen Glucke etwas ein. Dies ist nicht weiter schlimm.

Ein reifes, mittelgroßes Exemplar.

Das Innere der Krausen Glucke ist nicht kompakt, sondern durch und durch löchrig. Hier können Kiefernnadeln, Laub- und Erdreste beim Wachstum hängen bleiben. Dadurch ist das Putzen oft mühsam. Wird die Krause Glucke alt, so wird sie oft von grünen Schimmelpilzen befallen. Solche Exemplare, die auch nicht mehr fest sind, lässt du besser stehen.

Kraus oder Breitblättrig?

Die Krause Glucke hat eine sehr ähnliche Schwesterart, die aber nur an Tannen wächst: Die Breitblättrige Glucke. Sie ist ebenfalls essbar und kommt hauptsächlich in den Hochlagen der Mittelgebirge vor. Das badeschwamm-, oder blumenkohlartige Aussehen ist beiden Arten zu eigen.

Auch leicht eingetrocknete Krause Glucken können noch verwendet werden.

SO FINDEST DU SIE!

Wann?
August, September und Oktober sind die Hauptmonate der Krausen Glucke. Warme Temperaturen und ergiebiger Herbstregen lassen sie dann sprießen. Trockenphasen im Herbst mag sie nicht.

Wo?
Du findest sie immer in der Nähe der Waldkiefer. Lockere Kiefernwälder gemischt mit anderen Baumarten und einem vegetationsfreien Waldboden sind für die Suche am besten geeignet. In Kiefernwäldern, deren Waldboden stark mit Gras oder anderen Pflanzen bewachsen ist, hat man seltener Erfolg.

Hier musst du suchen: Kiefernwald.

Wie?
Prüfe, ob der Pilz noch schön fest, nicht verschimmelt und möglichst wenig mit Bodenpartikeln verunreinigt ist. Da die Krause Glucke beim Herausdrehen meist zerbricht, schneidest du sie am besten mit dem Messer möglichst nahe am Waldboden ab.

Beste Freunde
Die Krause Glucke lebt als Parasit auf den Wurzeln der Waldkiefer und verursacht im Holz eine starke Fäulnis.

Immer in der Nähe einer Kiefer.

VORSICHT VERWECHSLUNG!

Breitblättrige Glucke 🍴
– Fruchtkörper wie ein Badeschwamm
– Fruchtkörperfarbe erst weißlich,
  dann cremefarben
– Fruchtkörperäste in breite Fächer
  auslaufend
– Immer am Wurzelanlauf
  von Tannen

Korallenpilze ☠
– Fruchtkörper korallenartig verzweigt
– Alle Fruchtkörperzweige wachsen aus
  einer gemeinsamen kompakten Basis
– Fruchtkörperfarbe gelb, beige oder rosa
– Die Bestimmung ist schwierig und es
  gibt giftige sowie essbare Arten unter
  den Korallenpilzen

Klapperschwamm 🍴
– Fruchtkörper verzweigt und in
  viele Konsolen auslaufend
– Oberseite der runden, trichter-
  förmigen Einzelkonsolen grau
– Unterseite der Einzelkonsolen mit
  beigen, winzig kleinen Poren
– Trockene Fruchtkörper geben
  beim Schütteln ein klapperndes
  Geräusch von sich
– Immer am Wurzelanlauf von
  Laubbäumen wie Buche oder Eiche
– Jung essbar, gilt in Asien als Heilpilz

49

SO VERWENDEST DU SIE!

Für die Verwendung der Krausen Glucke gibt es drei Möglichkeiten:
Entweder du brätst sie direkt in der Pfanne, panierst dicke Scheiben
zu Schnitzeln oder trocknest sie. Getrocknete Krause Glucke, die
später für Gerichte in Wasser gekocht werden muss, hat einen
besonders intensiven Geschmack.

Putztipp für die Krause Glucke

In der löchrigen Struktur der Krausen
Glucke bleiben beim Wachstum oftmals
Bodenreste oder Kiefernnadeln hängen.
Diese entfernt man am besten in Ruhe
zu Hause, indem man die Krause Glucke
in dicke Scheiben schneidet. Die Hohl-
räume kann man dann mit einem Pinsel
gut erreichen und säubern. Mit Wasser
abspülen ist nicht ratsam, denn der Pilz
würde sich dann vollsaugen.

Pilze dörren

Zum Dörren eignen sich neben der Krausen Glucke
alle festfleischigen Sorten wie Röhrlinge, Schwindlinge,
Morcheln und auch die Stiele von Parasolen. Nicht geeignet sind Milchlinge, sie werden zäh und leicht bitter.
Pilze sorgfältig putzen, aber nicht waschen! Pilze in
dünne Scheiben schneiden und mit einer Nähnadel
locker auf Fäden aufreihen oder auf Papier ausbreiten.
Luftig zwei bis drei Tage trocknen lassen, dann im
Backofen bei 50 °C und leicht geöffneter Tür (möglichst
mit Umluft) noch drei Stunden nachdörren lassen, bis
sie prasseldürr sind. In dicht schließenden Gefäßen
aufbewahren.
Vor der Verwendung ein bis zwei Stunden in kaltem
Wasser einweichen. Weniger schöne Exemplare und
zähe Pilzstiele können für eine aromatische Pilzwürze
pulverisiert werden – das Ergebnis ist ideal zum Abschmecken von Suppen und Saucen.

KÜRBIS-HÄHNCHEN-SUPPE
MIT KRAUSER GLUCKE

So geht's

1. Die Krause Glucke säubern, dazu zuerst in kleine Stücke zerpflücken oder mit einem scharfen Messer würfeln. Den festen Teil des Strunks in dünne Scheiben schneiden (schwammige Strunkteile wegwerfen). Die Pilzstücke dabei Stück für Stück mit einem Bürstchen säubern.

2. Den Kürbis halbieren, schälen und die Kerne samt faserigem Fleisch entfernen. Das Kürbisfleisch in 1 cm große Stücke schneiden. Den Lauch längs aufschneiden, gründlich waschen und ebenfalls in 1 cm große Würfel schneiden. Den Ingwer waschen, schälen und sehr fein würfeln. Das Hähnchenfilet kalt abbrausen, mit Küchenpapier trocken tupfen und würfeln. Von dem Schinken eventuell den Fettrand wegschneiden, dann in Würfel schneiden.

3. In einem Suppentopf die Hühnerbrühe aufkochen lassen. Die Pilz-, Hähnchen-, Kürbis-, Lauch- und Ingwerstücke dazugeben, zugedeckt bei schwacher Hitze etwa 30 Minuten sanft köcheln lassen. Dann die Schinkenwürfel dazugeben und alles weitere 2 Minuten ziehen lassen. Die Suppe mit Sojasauce, Salz und Pfeffer abschmecken. Mit Schnittlauchröllchen bestreuen und servieren.

Zutaten für 4 Portionen

250 g Krause Glucke
1 kleiner Kürbis (etwa 500 g)
1 Stange Lauch
2 cm frischer Ingwer
100 g Hähnchenfilet
100 g gekochter Schinken
750 ml Hühnerbrühe
2 EL helle Sojasauce
Salz, Pfeffer aus der Mühle
1 EL fein geschnittene Schnittlauchröllchen

Zeitbedarf:
1 Stunde 15 Minuten

EIN KASTANIEN-BRAUNER GESELLE

DER MARONEN-RÖHRLING

Dort wo moosige Nadelwälder mit Fichten stehen, ist auch der Maronen-Röhrling zu finden. Wie der Steinpilz so hat auch er Röhren unter dem Hut und kann ziemlich groß werden. Dennoch sind auch bei dieser Art die jungen Pilze die besten. Der Maronen-Röhrling trägt viele Namen im Volksmund, mancherorts wird er auch Braunkappe oder Blaupilz genannt.

MARONEN-RÖHRLING

Imleria badia

Seinen Namen verdankt der Maronen-Röhrling der kastanien-
braunen Farbe seines Hutes, oft wird er auch einfach nur Marone
genannt. Der Hut ist normalerweise trocken und samtig matt.
Regnet es aber, so kann er auch schmierig und glänzend sein.
Das beeinträchtigt jedoch nicht seine Qualität.

Fleisch läuft
leicht blau an

kastanienbrauner Hut

Röhren anfangs
hell-grüngelblich

Stiel rotbraun, glatt
und ohne Netz

SO SIEHT ER AUS!

Junge und reife Maronen-Röhrlinge.

Reife Exemplare laufen
bei Berührung sofort blau an.

Blaumacher

Die olivfarbenen Röhren von größeren Exemplaren laufen bei Berührung sofort blau an. Diese Blaufärbung ist das Resultat einer chemischen Reaktion mit der Luft. Die Blaufärbung des Maronen-Röhrlings ist völlig ungefährlich. In der Fachsprache nennt man diesen Vorgang »Blauen«. Bei jüngeren Exemplaren sind die Röhren noch heller und die Farbreaktion ist weniger stark.

Der Hut ist jung kugelig und spannt sich bei Reife auf. Dann können Maronen-Röhrlinge nicht selten so groß wie Steinpilze werden.

Der Stiel ist auch bei jungen Exemplaren schon relativ lang, aber immer rötlich braun überlaufen, glatt und niemals mit netzartiger Struktur.

Auch andere machen blau!

Es gibt auch noch andere Röhrlings-Arten, die sich bei Berührung oder im Anschnitt sofort blau färben. Diese Arten haben jedoch ein Netz auf dem Stiel, rote Röhren oder schmecken bitter und sind allesamt giftig! Du solltest also genau auf den Stiel und die Farbe der Röhren achten.

Bei Regen wird der matte Hut schmierig und glänzend.

SO FINDEST DU IHN!

Wann?
Im Spätsommer und in den Herbstmonaten findest du den Maronen-Röhrling. Er benötigt mäßige Temperaturen und viel Niederschlag. Nach langen Trockenperioden ist es meist zwecklos, nach Maronen-Röhrlingen zu suchen.

Wo?
In ausgedehnten Fichtenwäldern im Bergland, deren Waldboden mit Nadeln und Moos bedeckt ist, hast du gute Chancen, fündig zu werden. Aber auch in Laubwäldern kann er selten neben Steinpilzen gefunden werden.

Maronen-Röhrlinge sind oft gut getarnt.

Wie?
Wie alle großen Röhrlinge drehst du den Maronen-Röhrling am besten heraus und schneidest ihn nicht ab. So kannst du auch die Stielbasis begutachten.

Beste Freunde
Fichte

Ein guter Platz für Maronen-Röhrlinge: Der Fichtenwald.

VORSICHT VERWECHSLUNG!

Ziegenlippe 🍴
– Wesentlich hellerer Hut
– Röhren nicht blauend
– Schmächtiger Stiel
– Vorkommen in Laubwäldern

Rotfuß-Röhrling 🍴
– Schlankerer rötlicher Stiel
– Röhren nur unwesentlich blauend
– Kleine, eher schmächtige Pilze

Hohlfuß-Röhrling 🍴
– Stiel hohl
– Im Querschnitt längliche Röhren
– Ringartige Struktur unter dem Hut
– Ausschließlich bei Lärchen
  zu finden

Gallen-Röhrling ✗
– Hut braun
– Gestalt wie Steinpilz
– Röhren mit rosa Farbstich
– Dunkles Stielnetz
– Geschmack roh gallebitter,
  auch zubereitet sehr bitter

VORSICHT *Die braune Huthaut des Maronen-Röhrlings kann sehr gut Schwermetalle speichern. Das trifft auch für das radioaktive Cäsium aus der Tschernobyl-Katastrophe zu. Das Bundesamt für Strahlenschutz stellt für Gebiete südlich der Donau auch aktuell noch hohe Belastungen beim Maronen-Röhrling fest. Dort sollte man diese Pilzart nicht in großen Mengen verzehren.*

SO VERWENDEST DU IHN!

Am besten kommt er möglichst frisch mit viel Butter in die Pfanne und wird gut angebraten. Jüngere Exemplare, die noch schön fest sind, haben den Vorteil, dass sie in der Pfanne nicht matschig werden.

Pilz-Semmelknödel

300 g Maronen-Röhrlinge säubern und fein würfeln. ½ Bund Petersilie waschen, trocken schütteln, Blättchen abzupfen und hacken. Eine Knoblauchzehe schälen und fein hacken. 6 altbackene Semmeln in sehr dünne Scheiben schneiden.

In einer Pfanne die Pilze bei mittlerer Hitze in Butter leicht bräunen. Knoblauchwürfel, gehackte Petersilie und etwas Salz dazugeben, kurz mitbraten, die Pfanne vom Herd nehmen.

250 ml Milch gut erhitzen. Die Semmelscheiben mit der heißen Milch beträufeln und 10 Minuten ziehen lassen. Dann die Pilzwürfel, 3 Eier und 2 EL Mehl locker untermischen, mit Salz und Pfeffer abschmecken. Mit angefeuchteten Händen aus der Masse Knödel mit rund 5 cm Durchmesser formen. Die Knödel in einen großen Topf mit kochendem Salzwasser einlegen und offen bei schwacher Hitze 20 Minuten gar ziehen lassen. Mit dem Schaumlöffel herausheben und abtropfen lassen.

HEFEPFANNKUCHEN MIT PILZEN UND HOLUNDERKOMPOTT

So geht's

1. Die Maronen-Röhrlinge mit Pinsel und Küchen-papier säubern. Die Röhren (den Schwamm) bei großen Hüten entfernen. Die Pilze in Schei-ben schneiden.

2. Die Milch leicht erwärmen, in eine Schüssel gießen, die Hefe zugeben und unter Rühren auflösen. Die Hefemilch nach und nach in das Mehl einrühren, leicht salzen und zugedeckt 30 Minuten ruhen lassen.

3. Die Holunderbeeren im Sieb warm abbrausen, abtropfen lassen. 1 Schalotte schälen und sehr fein würfeln. Schalottenwürfel in einen Topf geben, mit Zucker bestreuen, mit 1 EL Wasser anfeuchten und bei schwacher Hitze honigbraun werden lassen. Holunderbeeren und Rotwein zugeben, aufkochen und zugedeckt 10 Minuten bei schwacher Hitze köcheln lassen. Ab und zu umrühren und die Beeren dabei leicht zer-drücken. Mit Essig, Salz, Pfeffer und Zimt ab-schmecken. Das Kompott vom Herd nehmen und zur Seite stellen.

4. Estragon waschen, trocken schütteln, Blättchen abzupfen und fein hacken. Die restlichen Scha-lotten schälen und klein würfeln. In einer Pfanne die Butter mit 1 EL Öl aufschäumen. Schalotten-würfel und gehackten Estragon bei mittlerer Hitze etwa 2 Minuten anbraten, dann die Pilz-scheiben dazugeben und weitere 5 Minuten bra-ten. Salzen, pfeffern und zugedeckt warm stellen.

5. In einer zweiten Pfanne ein wenig Öl erhitzen. Den Hefeteig mit den Eiern verrühren. Aus jeweils 1 Saucenkelle Teig kleine Pfannkuchen auf beiden Seiten hellbraun backen. Mit den Pilzen und dem lauwarmen Holunderkompott servieren.

Zutaten für 4 Portionen

400 g kleine Maronen-Röhrlinge
300 ml Milch
ca. 20 g frische Hefe
200 g Mehl
Salz, Pfeffer aus der Mühle
250 g reife Holunderbeeren
3 Schalotten
2 EL Zucker
75 ml Rotwein
3 EL Rotweinessig
½ TL gemahlener Zimt
1 Zweig frischer oder
1 TL getrockneter Estragon
3 EL Butter, 1 EL Öl
Öl zum Backen
2 Eier

Zeitbedarf: 1 Stunde

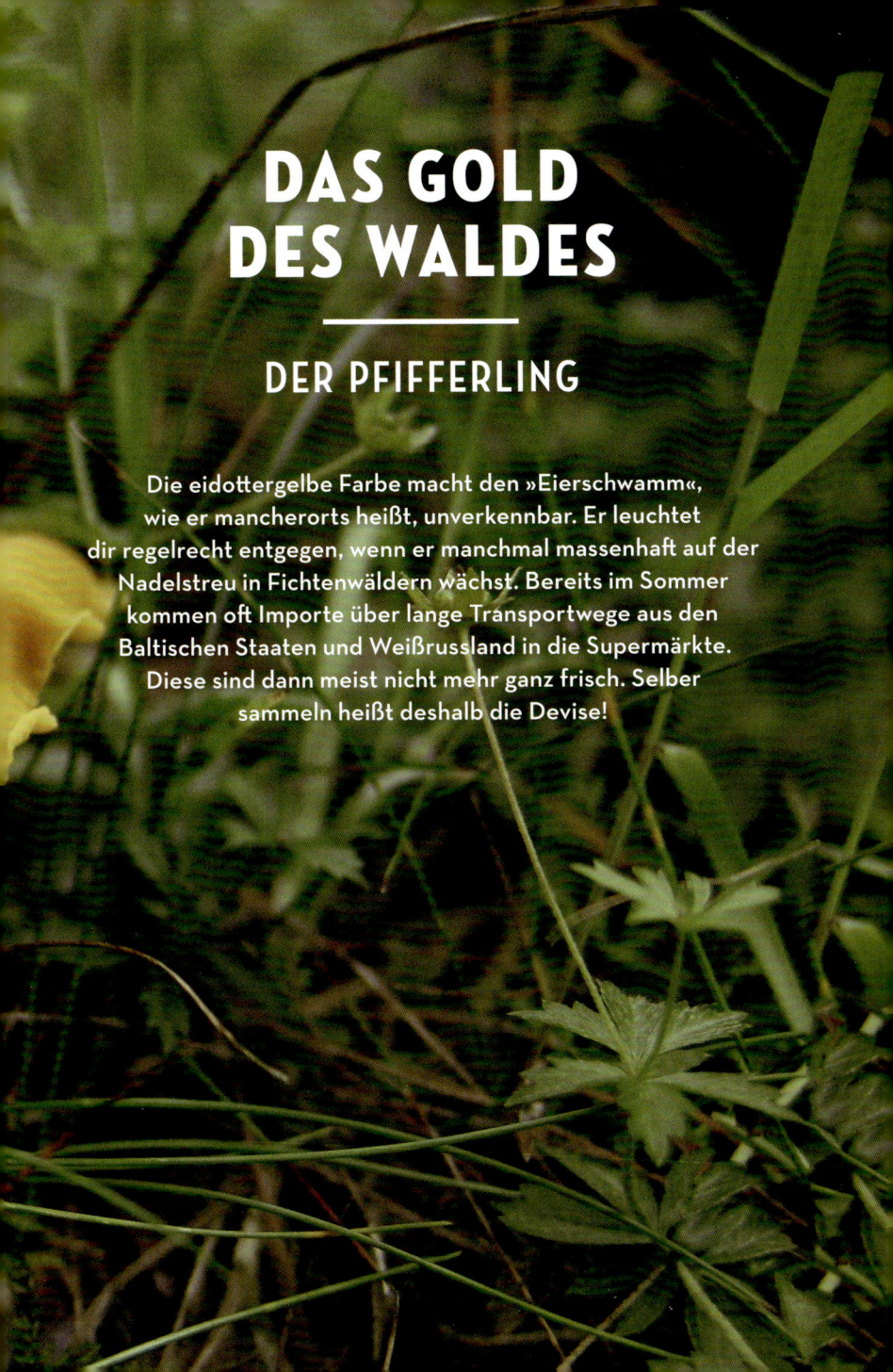

DAS GOLD
DES WALDES

DER PFIFFERLING

Die eidottergelbe Farbe macht den »Eierschwamm«,
wie er mancherorts heißt, unverkennbar. Er leuchtet
dir regelrecht entgegen, wenn er manchmal massenhaft auf der
Nadelstreu in Fichtenwäldern wächst. Bereits im Sommer
kommen oft Importe über lange Transportwege aus den
Baltischen Staaten und Weißrussland in die Supermärkte.
Diese sind dann meist nicht mehr ganz frisch. Selber
sammeln heißt deshalb die Devise!

PFIFFERLING

Cantharellus cibarius

Charakteristisch für den Pifferling sind eine typisch trichterartige
Form und ein gewellter Hutrand bei reifen Exemplaren. Sein rohes
Fleisch hat einen pfeffrigen Geschmack und ist brüchig.

dicker Stiel

nicht hohl

herablaufende,
gegabelte Leisten

Hut
eidotterfarben

Umriss
trichterförmig

welliger Hutrand

SO SIEHT ER AUS!

Keine Lamellen, sondern Leisten!

Unter dem Hut findest du dicke Leisten, die gegabelt sind oder gar ineinanderlaufen. Diese Leisten sind höchstens einen Millimeter hoch. Im Gegensatz dazu haben viele andere Pilze, wie beispielsweise der Champignon, Lamellen oder Blätter, die immer flächig ausgebildet sind. Die Leisten laufen immer vom Hutrand am Stiel herab und enden nicht abrupt, sondern laufen aus. Der Stiel ist relativ dick und das Fruchtkörperfleisch ist brüchig.

Optimale, reife Exemplare.

Reife Exemplare des Pfifferlings sind so gut wie nie von Maden befallen. Wichtig für die sichere Erkennung ist die Farbe: Echte Pfifferlinge haben niemals Orangetöne, sondern sind immer eidottergelb.

Die Leisten laufen am Stiel herab.

Bucklige Jugend

Junge Pfifferlinge erkennst du an einem gewölbten Hut, der anfangs noch eingekrempelt ist. Auch bei jungen Exemplaren ist der Stiel schon relativ dick und fest. Der Hutrand ist noch nicht so wellig wie bei reifen Exemplaren. Du kannst sie aber auch schon in diesem Stadium sammeln.

Junge Pfifferlinge mit gewölbtem Hut.

Pfifferling oder nicht?

Einzeln stehende Pilzarten, die dem Pfifferling ähnlich sehen, solltest du ganz genau unter die Lupe nehmen! Hier gibt es durchaus ernst zu nehmende Verwechslungsmöglichkeiten! Wichtig für die sichere Unterscheidung sind die Leisten oder Lamellen, die Farbgebung und die Konsistenz des Fruchtkörperfleisches. Die wichtigste Grundregel ist: Bist du dir nicht sicher, lass den Pilz stehen.

SO FINDEST DU IHN!

Wann?
Bereits im Sommer geht es ab Juni bis Juli los. Besonders in Skandinavien kannst du im Sommerurlaub reichhaltige Beute machen. In unseren Mittelgebirgen kommt er bis weit in den November vor.

Wo?
Nadelwälder sind das Revier der Pfifferlinge. Dunkle Fichtenschonungen, aber auch lichte Kiefern- und Tannenmischwälder sind geeignet. Gelegentlich findest du auch in Laubwäldern Pfifferlinge, meist sind dann aber irgendwo Fichten vorhanden. Der Pfifferling meidet Gegenden mit Kalkstein und bevorzugt saure Böden auf Sand, Granit und Buntsandstein.

Eine Fundstelle bringt meist viele Pfifferlinge.

Wie?
Da Pfifferlinge in der Regel in Gruppen wachsen, sind sie leicht zu finden. Schon aus der Entfernung kannst du die leuchtenden Fruchtkörper sehen. Zuweilen wirst du beim Spazierengehen schon an moosbedeckten Wegrändern oder Böschungen fündig.

Beste Freunde
Fichten und andere Nadelbäume, zuweilen auch Buchen und Eichen.

Ein typischer Pfifferlingswald.

VORSICHT VERWECHSLUNG!

Spitzgebuckelter Raukopf

– Fruchtkörperfarbe oft orange oder rötlich
– Hut nicht trichterförmig, oft mit Buckel in der Mitte
– Unter dem Hut deutliche Lamellen, die nicht am Stiel herablaufen
– Stiel oft faserig und mit spinnwebartigen Strukturen

Falscher Pfifferling

– Hut trichterförmig
– Dünner Stiel
– Ganzer Fruchtkörper orangegelb und elastisch biegbar
– Fruchtkörper oft einzeln stehend
– Unter dem Hut deutliche Lamellen, die am Stiel herablaufen
– Kann Magen-Darm-Beschwerden verursachen

Trompeten-Pfifferling

– Hut trichterförmig und graubraun.
– Unter dem Hut mit deutlichen grauen Leisten
– Stiel innen hohl und farblich gelb vom Hut abgesetzt
– In Fichtenwäldern
– Häufig in großer Anzahl

VORSICHT *Rauköpfe gehören neben dem Grünen Knollenblätterpilz zu den giftigsten Pilzen in unseren heimischen Wäldern! Nicht nur die Farbgebung unterscheidet sie deutlich von Pfifferlingen, sie haben auch die deutlichen Lamellen statt niedrigen Leisten. Rauköpfe stehen auf dem Waldboden eher einzeln, während Pfifferlinge in der Regel gesellig wachsen.*

Links zwei hochgiftige Rauköpfe und rechts zwei Pfifferlinge.

SO VERWENDEST DU IHN!

Der Pfifferling ist sehr vielfältig in seiner Verwendung: Ob als Frischpilz in der Pfanne oder in Soßen, haltbar gemacht in Einmachgläsern oder getrocknet, man kann alles mit ihm machen. Durch seine relativ kleinen Fruchtkörper, die du oftmals gar nicht zerschneiden musst, ist seine Form als gebratene Beilage oder in Soßen noch sehr gut zu erkennen. Das ist ein besonderes Highlight der gehobenen Küche!

Pilze einfrieren

Um Pfifferlinge einzufrieren, zunächst reichlich Wasser aufkochen, die gesäuberten Pilze hineingeben und bei starker Hitze 3 Minuten kochen. In ein Sieb abgießen und mit kaltem Wasser abbrausen. Gut abgetropft in Beutel abfüllen und ins Gefrierfach legen.

Röhrlinge wie der Steinpilz oder der Maronen-Röhrling können roh eingefroren werden. Dazu die Pilze säubern (siehe S. 106) und die Stielenden wegschneiden. Bei reiferen Röhrlingen die weiche Röhrenschicht (den Schwamm) unter dem fleischigen Hut entfernen. In etwa 3 cm große Stücke schneiden, madendurchzogene Teile wegwerfen. In kleine Portionen aufteilen und in Gefrierbeutel geben. Die Pilze möglichst flach nebeneinander anordnen, die Luft sanft aus dem Beutel drücken oder mit

dem Vakuumiergerät absaugen. Die Beutel gut verschließen und flach bei starker Gefrierstufe (-18 °C) tiefkühlen. Beim Parasol kann der Hut am Stück eingefroren werden. So sind die Pilze mindestens 6 Monate haltbar. Zur Zubereitung die Pilze unaufgetaut in eine Pfanne mit heißem Fett geben und bei starker Hitze rasch anbraten. Die gefrorenen Pilze geben mehr Flüssigkeit ab als frische und sind schneller gar.

GURKENGEMÜSE MIT PFIFFERLINGEN

So geht's

1. Die Gurken waschen, schälen und längs halbieren. Die Kerne herausschaben. Die Gurkenhälften quer in etwa 2 cm breite Stücke schneiden. Die Tomaten in kochendem Wasser 30 Sekunden überbrühen, aus dem Wasser heben und häuten. Die Tomaten halbieren, entkernen, Stielansätze entfernen, Tomatenscheiben in Spalten schneiden. Die Frühlingszwiebeln waschen, Wurzelansätze wegschneiden, weiße und grüne Teile getrennt in dünne Scheiben schneiden.

2. Die Pfifferlinge mit dem Pinsel säubern, kleine Exemplare ganz lassen, größere längs halbieren oder vierteln. Den Speck ohne Schwarte in kleine Würfel schneiden.

3. Im Schmortopf das Öl erhitzen, die Speckwürfel darin bei mittlerer Hitze leicht anbräunen. Die Pfifferlinge dazugeben und unter Rühren etwa 10 Minuten braten, bis die anfangs austretende Flüssigkeit verdampft ist. Die weißen Frühlingszwiebelscheiben einrühren und kurz andünsten. Gurkenscheiben und Tomatenspalten dazugeben, mit Salz, Pfeffer und Thymian würzen. Den Sherry zugießen und den Schmortopf zudecken. Bei mittlerer Hitze 15 Minuten schmoren.

4. Die gegarten Gurken und Pfifferlinge herausheben und auf einer tiefen Servierplatte anrichten. Schmand, grüne Frühlingszwiebelscheiben und Petersilie in die im Topf verbliebene Schmorflüssigkeit einrühren, aufkochen und mit Salz und Pfeffer abschmecken. Sauce über dem Gemüse verteilen und servieren.

Zutaten für 4 Portionen

1,5 kg große, feste Gurken
500 g reife Tomaten
4 Frühlingszwiebeln
250 g frische Pfifferlinge
75 g durchwachsener Speck
4 EL Öl zum Braten
Salz, Pfeffer aus der Mühle
1 TL Thymianblättchen
2 EL Sherry oder Weißwein
200 g Schmand
2 EL gehackte Petersilie

Zeitbedarf 45 Minuten

WIRKLICH RIESIG!

DER RIESENSCHIRMLING

Einen Riesenschirmling zu finden, ist jedes Mal eine
Freude. Sie sind ja auch nicht zu übersehen. Schon als junge
Exemplare haben sie eine stattliche Größe und sehen
mit ihrem noch geschlossenen Hut wie ein Paukenschlegel aus.
Haben sie ihren Hut aufgespannt, dann können sie schon
mal den Durchmesser eines Tellers erreichen. Nur wenige
Merkmale reichen aus um den Riesenschirmling von
giftigen Arten zu unterscheiden.

RIESENSCHIRMLING, PARASOL

Macrolepiota procera

Der Riesenschirmling wird mancherorts auch Parasol genannt. Seine Form erinnert tatsächlich an einen Sonnenschirm. Um ihn sicher von anderen Arten zu unterscheiden, musst du dir den Stiel genau ansehen.

verschiebbarer Ring

Hut mit braunen Schuppen

jung mit geschlossenem Hut

genatterter Stiel

SO SIEHT ER AUS!

Genatterter Stiel und braune Schuppen

Auffällig am Riesenschirmling sind seine Größe und der genatterte Stiel mit verschiebbarem Ring. Mit »Natterung« ist eine unregelmäßige braune, zickzack-artige Zeichnung rund um den Stiel gemeint. Diese Stielnatterung muss vorhanden sein! Der Fuß des Pilzes ist stark verdickt, Erdreste und Laub haften daran. Junge Exemplare haben einen geschlossenen Hut und sehen deshalb aus wie Paukenschlegel. Der geschlossene Hut ist hellbraun und eher glatt, durch das starke Wachstum reißt der Hut jedoch zum Rand hin grob schuppig auf. Die Schuppen setzen sich farblich vom beigefarbenen Hut deutlich mit einer hellbraunen Farbe ab. Riesenschirmlinge haben einen typischen würzigen Geruch.

Junge Exemplare ähneln Paukenschlegeln.

Unter dem Hut sitzt der verschiebbare Ring.

Verschiebbarer Ring

Sobald sich die jungen Hüte der Paukenschlegel aufspannen, bleibt oben am Stiel ein dicker Ring stehen. Der Ring des Riesenschirmlings ist sehr dick, ganz weich und leicht zusammendrückbar. Das wichtigste Merkmal: Er lässt sich am Stiel leicht verschieben, ist also nicht festgewachsen.

Giftige Schirmlinge

Es gibt Schirmlinge, die dem Riesenschirmling ähnlichsehen und giftig oder giftverdächtig sind. Dazu gehören Arten, die schon als kleine Exemplare den Hut aufspannen, aber auch solche mit großen zusammenhängenden Schuppen auf dem Hut oder Arten, deren Stiel sich bei Reibung rot färbt. Auch Schirmlinge im Garten lässt du besser stehen, dort wächst der Riesenschirmling nicht.

Die groben Schuppen setzen sich farblich deutlich vom hellen Hut ab.

SO FINDEST DU IHN!

Wann?
Ab Sommer bis weit in den Herbst hinein. Selbst trockeneres Wetter scheint ihn nicht am Wachsen zu hindern. In manchen Jahren erscheint er massenhaft.

Wo?
Der Riesenschirmling mag es hell, dunkle Wälder sind nichts für ihn. Ob Laubwald, Nadelwald, Mischwald oder waldnahe Wiesen, er ist nicht wählerisch. Er lebt nicht in Symbiose mit Bäumen, sondern ernährt sich von toten Pflanzenresten wie Laub oder Gras. Daher kannst du den Riesenschirmling oftmals auch entlang von Wegen oder sogar direkt an Straßen finden, die durch den Wald führen. In weitläufigen Parkanlagen mit altem Baumbestand ist er ebenso zu finden wie auf Friedhöfen.

Oft wachsen große Exemplare am Wegrand.

Wie?
Du musst nicht weit fahren, selbst wenn du in der Stadt wohnst. Der nächste Park, ein Naherholungsgebiet oder ein kleiner Waldstreifen sind meist nicht weit.
Den Stiel kannst du einfach unten abschneiden, die Basis ist immer stark mit Erdresten verschmutzt.

Beste Freunde
Luft und Licht

VORSICHT VERWECHSLUNG!

Safran-Riesenschirmling ☠
– Hut jung geschlossen und rund
  (Paukenschlegel), alt aufgespannt
  und groß
– Hutoberfläche zum Rand hin
  grob schuppig
– Stiel glatt und ohne Natterung,
  läuft beim Reiben mit dem Fingernagel
  safranrot an
– Stiel unten knollig

Kleine Schirmlinge ☠
– Fruchtkörper klein, nicht viel
  größer als ein Blatt
– Hut jung geschlossen, alt aufgespannt
  und höchstens Handteller groß
– Hutoberfläche feinschuppig
– Stiel mit Ring
– Fruchtkörperfarbe weiß bis beige
– Kleine Schirmlinge können
  tödlich giftig sein!

Faserlinge ☠
– Heller Hut mit groben
  dunkelfarbigen Schuppen
– Fruchtkörper klein
– Hut nicht größer als ein Handteller
– Lamellen beigefarben bis braun
– Stiel weiß und ohne Ring
– Fruchtkörper immer in Gruppen
  auf Holz

TIPP *Große Schirmlinge, die in Gärten häufig bei Komposthaufen wachsen, können zu den giftigen Grünspor-Schirmlingen gehören. Wenn du den Riesen-Schirmling suchst, dann am besten im Wald oder am Waldrand.*

SO VERWENDEST DU IHN!

Der Riesenschirmling eignet sich perfekt zum Braten oder Panieren im Ganzen. Er lässt sich zwar wie andere Pilze auch trocknen, durch die dünnen Lamellen entstehen jedoch sehr kleine Bruchstücke, die in der Pilzsauce nicht sehr schön aussehen. Der Stiel eignet sich getrocknet für Pilzpulver und Gewürzsalz.

Pilzschnitzel

Die noch geschlossenen, aber auch die schon ausgebreiteten Hüte zwischen den Lamellen auf Insekten untersuchen und durch starkes Klopfen auf dem Hut herausschütteln.

Wie bei einem normalen Schnitzel Mehl, verquirlte Eier und Semmelbrösel bereitstellen. Die großen Hüte als Ganzes panieren, in heißem Öl ausbraten und erst hinterher salzen. Riesenschirmlinge haben einen ganz eigenen, würzigen Geschmack!

Pilz-Gewürzsalz

Für 70 g Pilz-Gewürzsalz werden 200 g Riesenschirmling-Stiele oder gemischte Pilze und Putzreste von festen Sorten (keine Milchlinge oder Pfifferlinge) sorgfältig geputzt (nicht gewaschen), in dünne Scheiben geschnitten und auf eine dünne Leine gefädelt oder auf Papier ausgebreitet. Luftig 2 – 3 Tage trocknen, dann im Backofen bei Umluft (50 °C) in etwa 3 Stunden prasseldürr dörren. Getrocknete Pilze mit 2 EL grobem Meersalz, 2 TL Kümmel, 1 TL Koriandersamen und ½ TL Anis-

samen in einer sauberen Kaffeemühle mit Schlagwerk oder im Mixer pulverisieren. In eine dunkle, dicht schließende Gewürzdose abfüllen. Kühl und lichtgeschützt gelagert ist das Salz mindestens 1 Jahr haltbar.

GEFÜLLTE PARASOLE
MIT SAUCE HOLLANDAISE

So geht's

1. Die Pilze säubern und putzen. Die Hüte auf der Lamellenseite leicht salzen und pfeffern. Die Tomaten kurz in kochendem Wasser überbrühen, häuten, halbieren, Stielansätze entfernen, Fruchtfleisch entkernen. Das Tomatenfleisch klein würfeln. Die Zwiebeln und den Knoblauch schälen, fein hacken. Die Petersilie waschen, trocken schütteln, Blättchen abzupfen und fein hacken. Die Walnusskerne hacken. Den Backofen auf 200 °C (Umluft 180 °C) vorheizen.

2. In einem kleinen Topf 50 g Butter erhitzen. Zwiebel- und Knoblauchwürfel darin bei schwacher Hitze hellgelb dünsten. Topf vom Herd nehmen. Tomatenwürfel, gehackte Petersilie und Walnüsse zugeben, mit Salz und Pfeffer würzen. Die Pilzhüte auf das Backblech setzen, die Tomatenmischung darüberhäufen und jeweils ein kleines Stück Butter daraufsetzen. Seitlich 3 – 4 EL Wasser angießen und die Pilze im heißen Ofen 20 – 25 Minuten überbacken.

3. Inzwischen in einem Topf Wasser für ein Wasserbad aufsetzen. Für die Sauce Hollandaise die Schalotte schälen und fein hacken. In einem kleinen Topf mit Essig, Weißwein und Pfefferkörnern 5 Minuten kräftig kochen. Durch ein Sieb in die Wasserbadschüssel abgießen, mit den Eigelben verquirlen. Über dem heißen Wasserbad mit dem Schneebesen schaumig-cremig schlagen. Dann die restliche kalte Butter in kleinen Stücken nach und nach unter die Sauce quirlen. Mit Salz abschmecken und zu den überbackenen Pilzen servieren.

Zutaten für 4 Portionen

8 mittelgroße Parasole
Salz, Pfeffer aus der Mühle
150 g reife Tomaten
2 Zwiebeln
2 Knoblauchzehen
1 Bund glatte Petersilie
35 g Walnusskerne
160 g kalte Butter
1 Schalotte
1 EL Weißweinessig
4 EL Weißwein
5 schwarze Pfefferkörner
2 frische Eigelb
Wasserbadschüssel

Zeitbedarf 1 Stunde

EIN FILZIGER GESELLE

DER ROTFUSS-RÖHRLING

Filziger Hut, gelbgrüne Röhren und kein Stielnetz? Dann ist alles in Butter! Die Filzröhrlinge mit diesen Merkmalen sind alle essbar. Einer von ihnen, der Rotfuß-Röhrling, ist zwar nicht sehr groß, aber dafür kann er im Herbst sehr zahlreich auftreten und ist leicht zu finden, denn bei seinem Standort ist der Rotfuß-Röhrling nicht sehr wählerisch.

ROTFUSS-RÖHRLING

Xerocomus chrysenteron

Rotfuß-Röhrlinge sind relativ kleine Pilze. Sie erreichen niemals die Größe eines Steinpilzes und haben auch keinen so dicken Stiel. Die roten Farbanteile am Stiel sind Ursprung ihres Namens.

Röhren anfangs gelb, dann gelbgrün

läuft im Anschnitt schwach blau an

Hut filzig braun, bei Trockenheit oft aufreißend

Fraßspuren laufen rötlich an

Stiel dünn und nach unten hin weinrot überlaufen

SO SIEHT ER AUS!

Die eingerissene Oberfläche mindert nicht die Qualität.

Dünner roter Stiel

Rotfuß-Röhrlinge können je nach Alter sehr unterschiedlich aussehen. Der Stiel ist jedoch immer dünn. Jung ist der Hut schön dunkelbraun, rundlich gewölbt und die Hutoberfläche ist feinfilzig oder samtig. Die Fruchtkörper haben eine feste Konsistenz. Werden sie älter, so biegt sich der Hut etwas nach oben, die Röhren werden schwammig und wechseln ihre Farbe von gelb nach gelbgrün. Der ganze Pilz wird dann sehr weich und ist für die Zubereitung nicht mehr geeignet. Bei trockenem Wetter reißt die Hutoberfläche feldrig ein.
Im Anschnitt ist das Fleisch des Rotfuß-Röhrlings nur ganz schwach blauend. Die Röhren sind nicht rund, sondern eckig. Das sieht man besonders gut bei älteren Exemplaren.

Die Verwandtschaft

Wissenschaftler haben den Rotfuß-Röhrling mit genetischen Methoden in verschiedene Arten aufgeteilt. Für Pilzsammler ist das jedoch nicht von Bedeutung, denn alle sehen sich äußerst ähnlich. Haben sie einen filzigen Hut, gelbgrüne Röhren und kein Stielnetz, sind sie alle essbar. Alle Filzröhrlinge haben einen relativ dünnen, glatten Stiel.
Findest du einen Röhrling mit dickem Stiel, der wie beim Rotfuß-Röhrling stark rot überlaufen ist, so kann es sich um den giftigen Schönfuß-Röhrling handeln. Dessen Stiel hat jedoch ein Stielnetz.

Junge, knackige Pilze sind am besten.

Alte Exemplare besser stehen lassen.

SO FINDEST DU IHN!

Wann?

Von Sommer bis weit in den Spätherbst hinein kommt der Rotfuß-Röhrling vor. Es ist ein sehr häufiger Pilz, der auch während trockener Wetterperioden zu finden ist.

Wo?

Der Rotfuß-Röhrling ist gar nicht wählerisch. Sowohl im Mischwald als auch in reinen Nadel- oder Laubwäldern kannst du ihn finden. Teilweise lohnt es sich auch, an Wegrändern und in Heckengehölzen zu suchen. Er steht meist einzeln oder höchstens in kleinen Gruppen zu zweit oder zu dritt zusammen.

Gut getarnte Rotfuß-Röhrlinge im Herbstlaub.

Auch unter Kiefern wird man fündig.

Wie?

Da Rotfuß-Röhrlinge relativ klein und zudem durch ihren braunen Hut sehr gut getarnt sind, musst du genau hinsehen. Hast du einen gefunden, finden sich meist in ein paar Metern Umkreis noch weitere Pilze.

Beste Freunde

Verschiedene Laub- und Nadelbäume

VORSICHT VERWECHSLUNG!

Goldschimmel ☠

– Auf älteren Exemplaren
  des Rotfuß-Röhrlings
– Weißer oder gelblicher Schimmelbelag
– Meist unter dem Hut auf den Röhren
– Vom Goldschimmel befallene
  Exemplare sind giftig!

Pfeffer-Röhrling 🍴

– Schmeckt roh pfeffrig scharf
– Röhren graubraun bis rostrot
– Ausschließlich im Nadelwald
– Kann in kleinen Mengen als Würzpilz
  verwendet werden.

Maronen-Röhrling 🍴

– Hut kastanienbraun
– Röhren olivgrün, eckig,
  auf Druck schnell blauend
– Stiel braun und dünn bis dick

Gold-Röhrling 🍴

– Hut gelbbraun bis gelb,
  klebrig bis schmierig
– Röhren goldgelb
– Stiel gelb bis braun mit Ring
– Wächst immer bei Lärchen

Ziegenlippe 🍴

– Hut hellbraun bis beige, wildlederartig
– Stiel dünn, oben etwas rostrot
– Fleisch im Anschnitt etwas blauend
– Röhren goldgelb
– Achtung, auch bei dieser Art Gefahr
  von Goldschimmel

SO VERWENDEST DU IHN!

Der Rotfuß-Röhrling ist nicht lange haltbar. Du solltest ihn deshalb noch am gleichen Tag verarbeiten. Trocknen und einmachen empfehlen sich nicht, denn er verfärbt sich nach dem Anschneiden graublau und sieht nicht mehr schön aus.

Pilzkaviar mit Rotweinessig

250 g Waldpilze (Steinpilze, Maronen- oder Rotfuß-Röhrlinge, Ziegenlippen) mit Pinsel und Küchenpapier säubern, putzen und sehr fein würfeln. 1 große Zwiebel und 2 – 3 Knoblauchzehen schälen und fein hacken. 25 ml Sonnenblumenöl in einer Pfanne erhitzen. Die Zwiebelwürfel kurz darin hellgelb dünsten. Knoblauch- und Pilzwürfel dazugeben, unter Rühren bei mittlerer Hitze garen, bis der austretende Saft verdampft ist, und die Pilze in dem Öl braten. Die gebratene Pilzmischung in eine Schüssel füllen und mit 2 EL Pilzfond, Essig und weiteren 25 ml Sonnenblumenöl vermischen. Mit Salz und Pfeffer abschmecken, nochmals alles gut durchmischen. Lauwarm oder kalt servieren.

BLÄTTERTEIGTÄSCHCHEN
MIT WALDPILZEN UND FRISCHKÄSE

So geht's

1. Die Blätterteigscheiben nebeneinander auslegen und auftauen lassen. Die Pilze mit dem Pinsel und Küchenpapier säubern, putzen (von Butterpilzen die klebrige braune Huthaut abziehen). Die Pilze in dünne Scheiben schneiden. Die Frühlingszwiebeln putzen, waschen und ebenfalls in feine Scheiben schneiden. Die Oliven grob hacken.

2. In der Pfanne die Butter erhitzen. Die Pilzscheiben darin bei mittlerer bis starker Hitze braten, bis der austretende Saft verdampft ist. Dann die geschnittenen Frühlingszwiebeln dazugeben und kurz andünsten. Die Mischung in eine Schüssel füllen, kurz abkühlen lassen. Backofen auf 225 °C (Umluft 200 °C) vorheizen.

3. Den Frischkäse, gehackte Oliven und die Petersilie unter die Pilzmischung rühren. Mit Salz und Pfeffer abschmecken. Die Teigplatten quer halbieren. Die Arbeitsfläche dünn mit Mehl bestreuen und die Teigplatten darauf auf die doppelte Größe ausrollen. Die Pilzmasse gleichmäßig auf die Teigstücke verteilen, Teigränder mit Wasser bepinseln. Teigstücke diagonal zu Dreiecken zusammenfalten, die Ränder mit den Fingern fest andrücken.

4. Ein Backblech mit kaltem Wasser abspülen, die Teigtaschen daraufsetzen und an den Oberseiten dünn mit Sahne bepinseln. Mit einer Gabel jeweils zwei- bis dreimal einstechen. Im Backofen in etwa 15 Minuten goldbraun backen. Sofort heiß servieren.

Zutaten für 4 Portionen

4 Scheiben TK-Blätterteig (ca. 300 g)

200 g kleine, feste Waldpilze (Pfifferlinge, Butterpilze, kleine Maronen- oder Rotfuß-Röhrlinge)

2 Frühlingszwiebeln

20 g grüne Oliven (entsteint)

2 EL Butter

100 g Rahm-Frischkäse

2 EL gehackte Petersilie

Salz, Pfeffer aus der Mühle

Mehl zum Ausrollen

2 EL Sahne zum Bepinseln

Zeitbedarf: 35 Minuten

KLAR WIE DICKE TINTE!

DER SCHOPF-TINTLING

Er ist schon ein seltsamer Geselle. In seinem kurzen Leben verwandelt er sich von einem kleinen weißen und wohlschmeckenden Kobold in einen großen, hässlichen und zu schwarzer Tinte zerfließenden Troll. Man muss nicht in den Wald gehen, um ihn zu finden. Wenn er erscheint, dann immer gleich massenhaft und das manchmal direkt im eigenen Garten.

SCHOPF-TINTLING

Coprinus comatus

Schopf-Tintlinge sind nur ein kurzes Vergnügen, denn innerhalb eines Tages verfärbt sich ihr Fleisch rosa und zerfließt zu schwarzer, tintenartiger Flüssigkeit. Mit dieser Tinte haben Pilzfreunde ganz früher sogar Briefe geschrieben.

rosa Färbung vor
Auflösung zu Tinte

kurzer Stiel
in der Jugend

alter, ungenießbarer
Fruchtkörper

junger, essbarer
Fruchtkörper

langer
Stiel im Alter

kleiner Ring
unter dem Hut

SO SIEHT ER AUS!

Junge, genießbare Exemplare – das Fleisch ist noch ganz weiß.

Schon nicht mehr genießbar – die Auflösung hat begonnen.

Wie gewonnen, so zerronnen

Schopf-Tintlinge gehören zu den schmackhaftesten Speisepilzen – aber nur, solange sie noch jung sind. Wenn die Fruchtkörper wie Spargelspitzen aus dem Erdreich kommen, sind die Hüte noch völlig geschlossen und eiförmig, der Stiel ist sehr kurz und das Fruchtkörperfleisch noch reinweiß. Der Stiel ist innen hohl und der Hut grob weißschuppig.

Das Wachstum geht rasend schnell. Der Stiel streckt sich und das Fruchtkörperfleisch färbt sich zunächst rosa. Dann löst sich der ganze, noch geschlossene Hut von unten her in eine schwarze, tintenartige Masse auf.

Ungewöhnliche Fortpflanzung

Die »Tinte« enthält die Sporen des Schopf-Tintlings und ist eine von vielen Methoden der Sporenverbreitung im Pilzreich. Die eingetrocknete schwarze Masse zerfällt zu Staub und wird vom Wind verblasen.

Im Pilzreich gibt es noch andere seltsame Möglichkeiten, Sporen zu verbreiten. Die Stinkmorchel lockt mit ihrem Gestank Fliegen an, welche die schleimige Sporenmasse fressen und forttragen. Viele Baumpilze verbreiten ihre Sporen durch Wind und mit der Hilfe von Pilzmücken und Rindenwanzen. Trüffel werden von Wildschweinen ausgegraben und gefressen. Die Sporen überleben die Verdauung und landen direkt in den nährstoffreichen Hinterlassenschaften der Wildschweine.

Mehr Schopf-Tintlinge

Schopf-Tintlinge kannst du dir sogar in den Garten holen. Lässt du einige Fruchtkörper an einer Stelle im Garten zerfließen, wo Rasenschnitt oder gut verrotteter Kompost liegt, können an dieser Stelle schon im nächsten Jahr massenhaft Pilze wachsen.

SO FINDEST DU IHN!

Wann?
Bereits im Sommer wächst der Schopf-Tintling nach warmen Gewitterregen. Am häufigsten erscheint er jedoch im September und Oktober.

Wo?
Der Schopf-Tintling kommt überall dort vor, wo Nährstoffe im Überfluss vorhanden sind: auf gedüngten Rasenflächen, in Parkanlagen und an Wegrändern. Sehr oft wirst du auch im eigenen Garten fündig.

Bei Schopf-Tintlingen ist Eile geboten.

Wie?
Auf Spaziergängen in Parkanlagen wird man im Herbst sehr häufig fündig. Hier stehen nicht selten ganze Scharen von Schopf-Tintlingen im Gras zwischen Sträuchern und Stauden.

Beste Freunde
Keine, denn er lebt von gut verrotteten Pflanzenresten.

Auch am Wegrand wird man fündig.

VORSICHT VERWECHSLUNG!

Falten-Tintling 🍴
- Fruchtkörper deutlich unter
  10 cm lang
- Hut jung eiförmig, faltiges Aussehen,
  mit sehr feinen, glänzenden Schuppen
- Stiel nicht hohl
- Fruchtkörper zerfließt bei Reife
- Bei Genuss mit Alkohol treten
  Vergiftungserscheinungen auf!

Hasen-Tintling ✗
- Fruchtkörper sehr klein,
  höchstens fingergroß
- Hut walzenförmig und
  pelzig behaart, alt aufgespannt
  und durchscheinend
- Stiel alt sehr lang

Specht-Tintling ✗
- Form ähnlich dem Schopf-Tintling
- Hut anfangs braun später schwarz,
  immer mit weißen Schuppen
- Zerfließt im Alter
- Vorkommen immer nur im Wald

Glimmer-Tintling 🍴
- Hut klein und ockerbraun,
  mit feinen weißen Schüppchen
- Stiel weiß und schlank
- Immer nur im Wald
- Immer zahlreich in Gruppen

SO VERWENDEST DU IHN!

Der Schopf-Tintling verdirbt sehr schnell, deshalb kannst du ihn nicht haltbar machen. Frisch gesammelte Exemplare müssen sofort verarbeitet werden. Der Reifungsprozess läuft nämlich auch noch beim gesammelten Pilz weiter und sie zerfließen schon nach einem Tag. Der Stiel wird grundsätzlich nicht mitverwendet, denn er ist sehr faserig.

Knusper-Pilze
auf frischem Blattsalat

Einen Romanasalat und einen Bund Rucola verlesen, waschen und abtropfen lassen. Romanablätter in Streifen schneiden. 150 g Kirschtomaten waschen, trocknen und halbieren. Romanastreifen, Rucola und halbierte Tomaten locker vermischen, auf Tellern verteilen.

3 EL Weißweinessig und 1 EL Aceto balsamico mit Salz, Pfeffer und einer Prise Zucker verrühren. Nach und nach 6 EL Olivenöl unterschlagen und geschnittene Basilikumblätter untermischen. Die Sauce über den Salat träufeln.

Schopf-Tintlinge säubern und mit Ei und Semmelbröseln vorsichtig panieren, die Pilze sind sehr zerbrechlich. Alternativ geputzte Parasol-Hüte säubern und vierteln, auf beiden Seiten dick mit Senf bestreichen, mit Semmelbröseln panieren.
Die panierten Pilze bei mittlerer Hitze auf beiden Seiten (Parasole erst auf der glatten, dann auf der Lamellenseite) in einer Pfanne mit Öl je 3–4 Minuten knusprig braten. Pilze aus der Pfanne heben, kurz auf Küchenpapier entfetten und auf dem Salat anrichten.

GLASNUDELSALAT
MIT SCHOPF-TINTLINGEN

So geht's

1. Glasnudeln in eine Schüssel legen, mit kochend heißem Wasser übergießen und ca. 10 Minuten quellen lassen.

2. Inzwischen die Schalotten schälen und klein würfeln. Chilis putzen und in dünne Ringe schneiden. Die Tomate waschen, trocken reiben und den Stielansatz keilförmig herausschneiden. Tomate halbieren, entkernen und das Fruchtfleisch klein würfeln. Die Gurke waschen, trocken reiben, längs halbieren und die Kerne mit einem Löffel entfernen. Gurkenhälften klein würfeln. Kräuter waschen, trocken schütteln und die Blättchen grob hacken. Tintlinge in Stücke schneiden, dabei schwarze und rosa angehauchte Stücke großzügig entfernen und nicht verwenden.

3. Das Öl in einer Pfanne erhitzen, Schalotten und Chilis darin andünsten. Die Tintlinge dazugeben und anbraten.

4. Die Glasnudeln in ein Sieb abgießen und abtropfen lassen. Anschließend mit einer Küchenschere in 4–5 cm lange Stücke schneiden.

5. Glasnudeln mit Kräutern, Tomaten- und Gurkenwürfeln vermischen. Den Salat mit Fischsauce, Limettensaft und Salz leicht säuerlich abschmecken. Die empfindlichen Pilze erst nach dem Anrichten auf den Salat geben.

Zutaten für 4 Portionen

200 g Glasnudeln

3 Schalotten

1–2 kleine rote oder grüne Chilischoten

1 mittelgroße Tomate

1 Stück Salatgurke (ca. 150 g)

1 Handvoll Kräuter (Thai-Basilikum oder Koriandergrün)

2 EL Öl

200 g Schopf-Tintlinge

3 EL Fischsauce

3–4 EL frisch gepresster Limettensaft

Salz

Zeitbedarf: ca. 20 Minuten

GOURMET-PILZ

DIE SPITZ-MORCHEL

Nach den Trüffeln sind wohl Morcheln die begehrtesten
Pilze unter den Feinschmeckern. Doch genau wie bei
den Trüffeln ist die Suche nicht immer von Erfolg
gekrönt. Morcheln kann man auch kaufen, doch dann
muss man tief in die Tasche greifen. Der Preis liegt weit
über dem von bestem Rinderfilet. Wenn man jedoch
die ökologischen Ansprüche der Morchel kennt,
kann man sie im Frühling selbst sammeln.

SPITZ-MORCHEL

Morchella elata

Morcheln haben eine typische Form. Ihr Hut ist immer kegelförmig oder manchmal auch oval im Umriss. Die Hutoberfläche hat eine löchrige Struktur. Der Stiel ist kürzer als der Hut und farblich hell davon abgesetzt.

innen hohl

Oberfläche
bienenwabenartig

Hut braun und oben
spitz zulaufend

Stiel glatt,
hellbeigefarben

SO SIEHT SIE AUS!

Innen hohl

Form und Farbe der Morchel können sehr unterschiedlich ausfallen. Sie kann oben leicht abgerundet
aber auch sehr spitz sein. Die typische Farbe der Spitz-
Morchel ist braun bis dunkelbraun, es gibt aber auch
hellbeige Exemplare. Allen gemeinsam ist jedoch die
typische Oberfläche des Hutes, der an eine Bienenwabe
erinnert und der ganz und gar hohle Fruchtkörper.
Trocknen die Fruchtkörper etwas an, so vertieft sich
der braune Farbton noch und die Rippen der Bienen-
wabenstruktur treten kontrastreich hervor.

Exemplare mit spitzem Hut

Das Innere der Spitz-Morchel ist hohl.

Bienenwaben und Gehirne

Es gibt einige sehr ähnlich aussehende
Morchelarten wie die Speisemorchel,
die Hohe Morchel und die Käppchen-
Morchel. Alle sind essbar, wenn sie eine
bienenwabenartige Hutoberfläche und
einen hohlen Fruchtkörper haben. Die
giftigen Lorcheln haben einen grubigen,
gekammerten Stiel und die Hutoberfläche ist lappig-gehirnartig.

Ein wohlgehütetes Geheimnis

Beim Sammeln von Morcheln gehört
immer etwas Glück dazu. Es gibt gute
und schlechte Morcheljahre. Woran das
liegt, konnte die Wissenschaft noch
nicht klären. In China hat man ein Ver-
fahren entwickelt, wie man Morcheln
zu tausenden in offenen Gewächshäu-
sern kultivieren kann. Sie werden
in alle Welt exportiert.

Die Oberfläche ist bienenwabenartig.

SO FINDEST DU SIE!

Wann?
Morcheln sind Frühlingskinder. Bereits im April beginnt die Morchelzeit und hält bis in den Mai an.

Wo?
Speisemorcheln wachsen in saftig grünen Talauen mit Wasserlauf. Noch bevor das Laub der Bäume ausschlägt, können die ersten Exemplare erscheinen. Besonders Spitz-Morcheln findest du aber auch oft in Grünanlagen mit Rindenmulch. Oftmals kommen sie dort massenweise bis in den Sommer hinein vor.

Spitz-Morcheln wachsen sogar in Blumentöpfen.

Wie?
Für die Morchelsuche brauchst du einen scharfen Blick. Die kleinen Fruchtkörper sind oft unter der jungen Frühlingsvegetation versteckt. Hast du eine Morchel gefunden, so verbergen sich meist noch viele andere in der näheren Umgebung. Drehe die Morchel am besten aus der Erde und schneide Erdreste am Fuß einfach weg. Schneide sie dann der Länge nach durch, um zu prüfen, ob der Stiel komplett hohl ist.

Beste Freunde
Bärlauch, Buschwindröschen, Haselnusssträucher und verschiedene Laubbaumarten

VORSICHT VERWECHSLUNG!

Frühjahrs-Lorchel ☠
– Brauner, gehirnartiger Hut
– Hellbeiger Stiel
– Innen gekammert

Herbst-Lorchel ☠
– Hellbeiger, gelappter oder
  gehirnartiger Hut
– Hellbeiger, langer, gefurchter Stiel
– Innen gekammert

Speise-Morchel 🍴
– Honiggelber, dunkelbrauner oder
  fast schwarzer Hut, bienenwaben-
  artig mit hellen Rippen
– Stiel glatt, beigefarben
– Gesamter Fruchtkörper innen hohl

Gruben-Lorchel ☠
– Grauer, gelappter oder
  gehirnartiger Hut
– Grauer, langer, gefurchter Stiel
– Innen gekammert

SO VERWENDEST DU SIE!

Da alle Morcheln einen besonders intensiven Eigengeschmack
haben, eignen sie sich sehr gut für Rahmsoßen. Als ganzer Fruchtkörper
getrocknet, intensiviert sich das Aroma nochmals.

Seeteufel-Medaillons mit Morcheln und Kohlrabi

600 g Seeteufelfilet (ohne Haut) mit
Küchenpapier trocken tupfen, eventuell
noch vorhandene Häutchen entfernen.
Das Filet in 2,5 cm dicke Medaillons
schneiden. 200 g Morcheln gründlich
abbrausen, dabei mit einer weichen
Bürste den Sand aus den Falten entfernen. Die Morcheln auf Küchenpapier
ausbreiten, gut abtropfen lassen.
4 Kohlrabiknollen waschen, zarte
Blättchen ablösen und in Streifen
schneiden. Die Knollen schälen und
in bleistiftdünne Streifen schneiden.

In einem flachen Topf 25 g Butter zerlassen. Die Kohlrabistifte zugeben,
mit Salz und Zucker würzen. 100 ml
Weißwein dazugießen und die Kohlrabistifte zugedeckt bei schwacher Hitze
in etwa 15 Minuten bissfest garen.
Den Backofen auf 60 °C (Umluft
50 °C) vorheizen. In einer Pfanne 1 EL
Öl erhitzen, die restliche Butter dazugeben und aufschäumen lassen. Die
Fischmedaillons salzen und pfeffern,
bei mittlerer Hitze beidseitig jeweils
2 Minuten anbraten. Aus der Pfanne
heben und im Ofen warm stellen. Die
Morcheln in die Pfanne geben und
kurz andünsten, bis sie zu braten

beginnen. 200 g Sahne dazugießen,
die Mischung in etwa 5 Minuten
cremig einkochen.
Die Kohlrabiblättchen unter die
Morchel-Sahne-Sauce rühren, mit
Salz, Pfeffer und einer Prise Muskat
abschmecken. Die gegarten Kohlrabi-
streifen auf Tellern anrichten, die
Sauce darüber verteilen und die See-
teufel-Medaillons obenauf legen.

FRÜHLINGS-QUICHE
MIT MORCHELN UND SPECK

So geht's

1. Das Mehl mit Backpulver und etwas Salz auf die Arbeitsfläche häufen, eine Mulde eindrücken. 1 Ei mit 1 – 2 EL Wasser in einer Schüssel verquirlen, in die Mulde gießen. Die Butter in Stücken auf dem Mehlrand verteilen. Alles mit dem Messer vermischen und hacken, dann nur kurz durchkneten. Den Teig zu einer Kugel formen, in Frischhaltefolie wickeln und 45 Minuten im Kühlschrank ruhen lassen.

2. Für die Füllung die Morcheln putzen, kalt abbrausen und dabei mit einer weichen Bürste den Sand aus den Falten entfernen. Die Morcheln gut abtropfen lassen. Den Speck ohne Schwarte in feine Streifen schneiden. Die Frühlingszwiebeln waschen, putzen und in dünne Scheiben schneiden.

3. In der Pfanne das Öl erhitzen, den Speck darin glasig dünsten. Die Pilze unterrühren und 5 Minuten mitdünsten. Geschnittene Frühlingszwiebeln dazugeben und alles weitere 2 – 3 Minuten dünsten. Pfanneninhalt in ein Sieb abgießen und abtropfen lassen.

4. Die restlichen Eier mit Sahne, saurer Sahne und Käse in einer Schüssel verquirlen und die Mischung mit Salz, Pfeffer, Muskat und Kümmel pikant abschmecken.

5. Den Backofen auf 175 °C (Umluft nicht geeignet) vorheizen. Die Quicheform mit Butter befetten. Den Teig auf einer bemehlten Fläche etwas größer als die Form ausrollen, die Form damit auslegen. Den Teigboden mit einer Gabel mehrmals einstechen. Die Pilzmischung einfüllen, mit der Eier-Käse-Sahne übergießen. Im Backofen auf mittlerer Schiene etwa 40 Minuten backen, bis die Oberfläche schön gebräunt ist. Warm servieren.

Zutaten für 6 Portionen

250 g Mehl
½ TL Backpulver, Salz, Pfeffer
3 Eier
125 g kalte Butter
125 g frische Spitz-Morcheln
125 g durchwachsener Speck
1 Bund Frühlingszwiebeln
1 EL Öl
150 g Sahne
125 g saure Sahne
150 g geriebener Hartkäse
frisch geriebene Muskatnuss
gemahlener Kümmel
Butter für die Form
Mehl für die Arbeitsfläche
Quicheform (Ø 26 cm)

**Zeitbedarf Minuten +
45 Minuten ruhen +
45 Minuten backen**

KÖNIG
DER PILZE

DER FICHTEN-STEINPILZ

Der begehrteste Pilz bei Pilzsammlern ist ohne Zweifel
der Steinpilz. Kennt man die richtigen Plätze im Wald,
ist fast jedes Jahr der Sammelerfolg garantiert.
Ob als Pilzschnitzel, gebraten in der Pfanne oder als
getrocknete Scheiben in der Pilzsoße ist der Steinpilz
jedes Mal ein kulinarisches Highlight. Einige wenige
Merkmale machen den Steinpilz unverwechselbar.

FICHTEN-STEINPILZ

Boletus edulis

Er wird auch Gemeiner Steinpilz oder Herrenpilz genannt.
In Schweden heißt er Karljohan, nach dem schwedischen König Karl
Johan, und in Italien nennt man Steinpilze »Porcini«. Er kommt nicht
nur unter Fichten, sondern auch unter Buchen vor.

hellrote Linie
unter Huthaut

weiß und
unveränderlich

hell- bis
dunkelbraun

Röhren hell

Hutrand
heller als Hut

weiße,
netzartige
Zeichnung

SO SIEHT ER AUS!

Jung und fest – alt und weich

Steinpilze sind als junge Exemplare am
besten zum Sammeln geeignet. Sie haben
dann ein festes Fruchtkörperfleisch, der
Stiel ist dick, etwas rundlich, der Hut ist
braun, samtig und noch nicht aufgespannt. Die Röhren unter dem Hut sind
noch hell und der Stiel zeigt schon die
typische weiße, netzartige Zeichnung.
Später spannt der Hut sich auf und die
Röhren beginnen sich olivfarben zu
verfärben. Wird der Pilz noch älter, so
kann er sehr groß werden. Der Hut hat
dann nicht selten den Durchmesser
eines Kuchentellers. Die Röhren werden
dann satt olivfarben und das Fruchtkörperfleisch wird weich. Ältere Exemplare
solltest du stehen lassen, sie sind auch
sehr oft schon von Maden befallen oder
von Schnecken angefressen.

Ein Prachtexemplar für Pilzschnitzel.

Ein deutliches helles Stielnetz.

Ein weißes Netz

Alle Steinpilze haben eine charakteris-
tische netzartige Zeichnung auf dem
Stiel, die immer weiß ist. Das Netz kann
nur im oberen Teil des Stieles sichtbar
sein oder über die ganze Länge des
Stieles verlaufen.

Viele Verwandte

Neben dem Fichten-Steinpilz gibt es noch andere Steinpilzarten,
die aber wesentlich seltener zu finden sind. Diesen essbaren
Steinpilzarten ist allen gemeinsam, dass ihr Fruchtkörperfleisch
roh pilzig-mild schmeckt und alle braune Hutfarben haben. Die
giftigen Röhrlinge haben intensive gelbe oder rote Farben, laufen
bei Berührung blau an oder schmecken bitter.

SO FINDEST DU IHN!

Wann?

Du findest ihn ab Ende Juli und im Herbst, bis die ersten starken Nachtfröste kommen. In milden Jahren wirst du sogar noch im November fündig.

Wo?

Der Fichten-Steinpilz wächst sowohl im Moos dunkler Fichtenwälder als auch im Laub lichter Buchenwälder. Er mag eine natürliche Waldzusammensetzung mit jungen und alten Bäumen, Totholz und wenig Bodenvegetation. Wo viel Gras im Wald wächst, ist er eher nicht zu finden. Sonnenbeschienene Wegränder entlang eines Berghanges sind gute Fundstellen.

Fraßspuren von Schnecken einfach wegschneiden

Wie?

Am besten suchst du immer mit dem Blick hangaufwärts. Die Silhouetten der Pilze sind dann leichter zu erkennen. Hast du einen Steinpilz entdeckt, lohnt es sich innezuhalten und den Waldboden um die Fundstelle genauer zu betrachten. Ein Steinpilz kommt selten allein!

Beste Freunde

Fichten, Buchen

Ein Fichtenwald mit Blaubeerkraut im September

VORSICHT VERWECHSLUNG!

Kiefern-Steinpilz 🍴

– Hut dunkelbraun oder kastanienbraun
  mit hellem Rand
– Stiel sehr dick, massiv und mit
  hellem Stielnetz
– Immer unter Waldkiefern, niemals
  im Laubwald

Netzstieliger Hexen-Röhrling

– Hut mit fahlen Tönen
– Röhren rot
– Stiel oben orangefarben, unten
  weinrot, läuft bei Berührung sofort
  blau an
– Dunkles Stielnetz

Flockenstieliger Hexen-Röhrling/ Schusterpilz 🍴

– Hut wildlederfarben
– Röhren rot
– Stiel mit feinen rötlichen Flocken.
– Fruchtkörper läuft in allen Teilen
  bei Berührung sofort blau an

Gallen-Röhrling 🍴

– Hut braun
– Gestalt wie Steinpilz
– Röhren mit rosa Farbstich
– Dunkles Stielnetz
– Geschmack roh gallebitter,
  auch zubereitet sehr bitter

SO VERWENDEST DU IHN!

Junge Steinpilze eignen sich sehr gut zum Einkochen oder Einfrieren, getrocknet entfalten sie einen intensiven Geschmack in Pilzsoßen. Du kannst sie aber auch frisch als Pilzschnitzel panieren oder zu Pasta anbraten.

Steinpilze im Wald säubern

Anhaftende Walderde und Laub entfernst du am besten schon beim Sammeln im Wald. Du kannst den untersten Teil des Stieles auch abschneiden. Ist der Stiel schon von Maden befallen, kannst du ihn im Ganzen abschneiden. Wenn auch das Hutfleisch befallen ist, lege den Hut einfach wieder mit der Unterseite auf den Waldboden. Er produziert dann noch lange Zeit Sporen für die Fortpflanzung des Pilzes.

Feinarbeit zu Hause

Für die Feinarbeit benötigst du Pinsel und Messer. Oftmals haben sich kleine Kostgänger wie Käferchen oder kleine Schnecken unter dem Hut eingenistet. Entferne sie vorsichtig. Erdkrümel, Nadeln- und Blattreste entfernst du am besten mit einem einfachen Haushaltspinsel.

Eingekochte Steinpilze

Ca. 1 kg Steinpilze putzen, in nicht zu kleine Stücke schneiden und in stehendem Wasser kurz waschen. Pilzstücke in einem Topf mit 4 TL Salz bestreuen und mit 1 l kaltem Wasser aufgießen. Langsam aufkochen, den Schaum immer wieder abschöpfen. Etwa 10 Minuten leise köcheln lassen. Pilze bis 3 cm unter den Rand in heiß gewaschene Gläser (à 350 ml) füllen, das Kochwasser bis 2 cm unter den Rand dazugießen. Gläser verschließen und auf einem tiefen Backblech in den Ofen schieben. Etwas heißes Wasser auf das Backblech gießen und bei 90 Grad (Umluft 80 Grad) 1 Stunde einkochen, im Ofen abkühlen lassen. Kühl und lichtgeschützt mindestens 1 Jahr haltbar.

BREITE BANDNUDELN MIT STEINPILZSAUCE

So geht's

1. Die Pilze mit Pinsel und Küchenpapier säubern, putzen und die Stielenden wegschneiden. Pilze in dünne Scheiben schneiden. Die Tomaten in kochendem Wasser kurz überbrühen, häuten, halbieren, Stielansätze entfernen, entkernen. Das Tomatenfruchtfleisch klein würfeln. Knoblauchzehe schälen und fein hacken. Kräuter waschen, trocken schütteln, Blättchen bzw. Nadeln fein hacken.

2. In der Pfanne Olivenöl und Butter erhitzen. Gehackte Kräuter und Knoblauchwürfel bei mittlerer Hitze dünsten, bis der Knoblauch hellgelb ist. Pilzscheiben dazugeben und unter Rühren etwa 5 Minuten leicht anbräunen. Gemüsebrühe zufügen, anschließend die Tomaten. Offen bei schwacher Hitze etwa 15 Minuten garen, bis die Sauce cremig eingekocht ist.

3. Inzwischen für die Nudeln reichlich Wasser aufkochen, salzen und die Bandnudeln einrühren. Nach Packungsangabe bissfest kochen. In das Sieb abgießen und kurz abtropfen lassen. Die Steinpilzsauce mit Salz und Pfeffer abschmecken, die Nudeln locker untermischen und auf tiefe Teller verteilen. Mit dem Parmesan bestreut servieren.

Zutaten für 4 Portionen

250 g kleine Steinpilze

300 g reife Tomaten

1 Knoblauchzehe

4 Zweige glatte Petersilie

je 2 Zweige Oregano und Basilikum

1 TL frische Rosmarinnadeln

3 EL Olivenöl

2 EL Butter

150 ml kräftige Gemüsebrühe

Salz, Pfeffer

350 g breite Bandnudeln

50 g frisch geriebener Parmesan

Zeitbedarf 35 Minuten

SERVICE

Zum Weiterlesen

Markus Flück: *Welcher Pilz ist das?*
Kosmos 2020

Hans E. Laux: *Pilze und ihre giftigen
Doppelgänger.* Kosmos 2018

Rita Lüder: *Grundkurs Pilzbestimmung.*
Quelle & Meyer 2018

Rita & Frank Lüder:
Pilze zum Genießen. Kreativpinsel 2013

Deutsche Gesellschaft für Mykologie
(DGfM e. V.)
https://www.dgfm-ev.de

Österreichische Mykologische
Gesellschaft (ÖMG)
https://www.univie.ac.at/oemykges/

Verband Schweizerischer Vereine
für Pilzkunde (VSVP)
http://pilze.ch/vsvp/vsvp.htm

Was tun bei Pilzvergiftungen?

Tritt nach einer Pilzmahlzeit deutliches
Unwohlsein auf, zögere nicht, unver-
züglich ärztliche Hilfe zu holen! Oft ist
die Schwere der Vergifung von der Zeit
zwischen Mahlzeit und Behandlungs-
beginn abhängig. Rufe daher unbedingt
eine der Giftnotrufzentralen an oder
lasse dich zum nächsten Krankenhaus
bringen.Versuche nicht, dich selbst zu
kurieren! Behandlungen mit Milch oder
Salzwasser, um Erbrechen auszulösen,
sind wirkungslos, auch Kohletabletten
können sich nachteilig auswirken! Das
(mechanische!) Auslösen von Erbrechen
macht nur Sinn, wenn die Mahlzeit
höchstens 4 Stunden zurückliegt.
Veranlasse, dass alle Reste des Sammel-
guts sichergestellt werden (Putz- und
Essensreste, notfalls Erbrochenes). Auch
wenn bald nach der Mahlzeit beginnen-
des Erbrechen »nur« auf eine Magen-
Darm-Vergiftung hindeutet, können
durchaus noch weitere giftige Arten im
Pilzgericht gewesen sein, die erst später
Symptome auslösen.

Giftnotrufzentralen

Über folgenden Link gelangst du zur
Übersicht der Giftnotrufzentralen
und Giftinformationszentren in
Deutschland, Österreich und Schweiz
des Bundesamts für Verbraucherschutz
und Lebensmittelsicherheit (BVL):
www.kosmos.de/giftnotrufzentralen

Deutschland
Berlin 030 – 19240
Bonn 0228 – 19240
Erfurt 0361 – 730730
Freiburg 0761 – 19240
Göttingen 0551 – 19240
Homburg 06841 – 19240
Leipzig 0341 – 9724666
Mainz 06131 – 19240
München 089 – 19240

Österreich
Wien +43 1 406 43 43

Schweiz
Zürich +41 44 251 51 51

REGISTER

IMPRESSUM

Mit 197 Fotos. 8 von Achim Bollmann (14, 22, 38, 46, 54, 62, 70, 94), 20 von Alexander Walter (18/o, 19, 26/o, 27, 34, 35, 42, 43, 58/o, 59, 66, 67/re, 74/o, 75/re, 83, 90/re, 98/o, 99, 106/mi, 107, Kl. hinten), 1 von Andreas Gminder (30), 137 von Ewald Langer (Kl. vorne, 1, 6, 7, 8/o, 9, 10/11, 11, 12/13, 15, 16, 17/o, 17/uli, 17/ure, 20/21, 23, 24, 25/o, 25/uli, 31, 32/mi, 33, 36/37, 39/o, 39/u, 40, 41, 44/45, 47/o, 47/u, 48, 49, 50/o, 55, 56, 57, 60/61, 63, 64/mi, 64/u, 65, 68/69, 71, 72, 73, 79, 80, 81, 84/85, 86, 87, 88, 89, 95, 96, 97, 100/101, 102, 103, 104, 105, Kl. hinten), 2 von Frank Hecker (Kl. vorne, 28/29, 32/o), 2 von Jiri Bohdal (2/3, 64/o), 1 von Karl-Heinz Schmitz (78), 26 von Shutterstock (Aksenova Natalya: 10/u, Kl. hinten, AleksandarMilutinovic: 1, 92/93, Alexander Sviridov: 91, alexdov: 74/u, Kl. hinten, Anastasia_Panait: 82/o, Kl. hinten, Aprilphoto: 50/u, de2marco: 75/li, Eileen Kumpf: Kl. vorne, 52/53, EM Arts: 67/li, 106/o, 112, Emily Li: 90/li, Erkki Makkonen: 32/u, FotoLot: 4, godi photo: 1, 76/77, Irina Mur: 26/u, JIANG HONGYAN: 18/u, lcrms: 47/mi, 58/u, m-desiign: 51, Picture Partners: 25/ure, sathit savettanant:8/u, svf74: 106/u, TYNZA: 98/u, versh: 82/u, vitals: 17/mi, Wealthylady: 39/mi).

Mit 12 Illustrationen von Tanja Böhning (5, 14, 22, 30, 38, 46, 54, 62, 70, 78, 86, 94, 102).
Die Rezepte stammen von Reinhardt Hess (18, 19, 26, 27, 34, 35, 50u, 51, 58, 59, 62, 63, 74u, 75, 82, 83, 90, 98, 99, 106u, 107) und Marlisa Szwillus (42, 43, 91).
Umschlaggestaltung von Claudia Adam Graphik Design, Darmstadt, unter Verwendung zweier Fotos von Jaroslav Maly (Birkenpilz) und shutterstock/snow toy (Pfifferling).

WICHTIGE HINWEISE FÜR DEN NUTZER Auch die ausführliche Diagnose mit einem Pilzbuch kann die umfassende Erfahrung nicht ersetzen, die ein Pilzsammler erst im Laufe der Zeit erwirbt. Lassen Sie deshalb selbstbestimmte Pilze vorsichtshalber von einem Pilzberater nachbestimmen. Im Zweifelsfall sollten Sie die fragliche Art nicht verwenden. Verlag und Autor tragen keinerlei Verantwortung für Fehlbestimmungen durch den Leser dieses Buches und für individuelle Unverträglichkeiten. Allgemein gilt: Pilze nie roh essen! Sofern nicht anders angegeben, schließt der Hinweis »essbar« stets ein, dass der Pilz zuvor durch Braten, Kochen etc. eine Hitzebehandlung erfuhr.

Unser gesamtes Programm finden Sie unter **kosmos.de**.
Über Neuigkeiten informieren Sie regelmäßig unsere Newsletter,
einfach anmelden unter **kosmos.de/newsletter**
Besuchen Sie uns auch auf Facebook auf **KOSMOS Natur**.

Gedruckt auf chlorfrei gebleichtem Papier

© 2020, Franckh-Kosmos Verlags-GmbH & Co. KG, Stuttgart
Alle Rechte vorbehalten
ISBN 978-440-16985-8
Lektorat und Redaktion: Lisa Hummel
Satz: Claudia Adam Graphik Design, Darmstadt
Produktion: Markus Schärtlein
Druck und Bindung: Longo AG, Bozen
Printed in Italy/Imprimé en Italie

MIX
Papier aus verantwor-
tungsvollen Quellen
FSC® C023164

INTERVIEW MIT DEM AUTOR

Ewald Langer studierte Biologie an der Universität Tübingen und verfasste 1994 seine Doktorarbeit über die Pilzgattung *Hyphodontia*. Seit 2002 ist er Professor an der Universität Kassel am Lehrstuhl für Ökologie.

Wie haben Sie ihre Leidenschaft für Pilze entdeckt?

Schon als kleines Kind nahm mich meine Großmutter mit zum Pilzesammeln in den Wald. Da begann bereits die Begeisterung. Mein Vater vertiefte die Naturliebe zu allem, was im Wald zu finden ist.

Was ist das Besondere am Pilzesammeln und an selbst gesammelten Pilzen?

Pilze machen glücklich. Man ist draußen in der Natur und freut sich jedes Mal, wenn man einen schönen Pilz gefunden hat. Die sind einfach besser als gekaufte.

Welcher ist Ihr Lieblingspilz und warum?

Ganz klar der Steinpilz, weil er getrocknet die besten Pilzsoßen ergibt und als Pilzschnitzel herrlich schmeckt.

Welchen Pilz möchten Sie unbedingt einmal finden?

Die Burgundertrüffel. Die gibt es tatsächlich auch in Deutschland. Man muss nur die richtigen Plätze wissen und kann Trüffel dann auch ohne Trüffelschwein oder Trüffelhund finden.

Haben Sie noch einen Tipp für Einsteiger?

Am besten schließt man sich mit erfahrenen Pilzsammlern zusammen. Da kann man in kurzer Zeit sehr viel lernen.

An wen kann man sich wenden, wenn man mehr über Pilze wissen will?

Es gibt zahlreiche Pilzvereine, die von der Anfängerexkursion bis zum Fortgeschrittenenkurs alles anbieten, um Pilzexperte zu werden. Bei der Deutschen Gesellschaft für Mykologie kann man sogar eine Ausbildung zum Pilzsachverständigen machen.